letras mexicanas

LÍRICA INFANTIL DE MÉXICO

VIÑETAS DE ALBERTO CASTRO
DIBUJOS MUSICALES DE FRANCISCO MONCADA

VICENTE T. MENDOZA

LIRICA INFANTIL
DE MEXICO

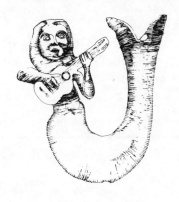

letras mexicanas

FONDO DE CULTURA ECONÓMICA

Primera edición (El Colegio de México), 1951
Segunda edición (FCE),　　　　　　1980
　　Quinta reimpresión,　　　　　　1996

ISBN 968-16-0446-6

Impreso en México

A MODO DE PRÓLOGO

Me pide el autor de este delicioso libro que le acompañe, desde estas páginas primeras, con algunas palabras. No puedo yo negarme a ese deseo por varias razones que no vienen todas a cuento, entre ellas la cordial amistad que me relaciona con el profesor Mendoza y el mucho agradecimiento que le debo por su generosidad liberal al abrir a mi curiosidad su nutrida biblioteca de folklorista cuando, recién llegado yo a México, me entretuve en curiosear la rica materia de los romances y los corridos.

Mas, a tomar esta decisión de prologuista, y con ella la ligera pluma, me ha llevado una razón esgrimida como definitivo argumento por quien tanto sabe de estas y otras cosas, a saber: el hecho de la transmisión de la lírica infantil desde España a la tierra mexicana y a otras tierras de América, donde pronto adquirió carta de naturaleza y ensanchó sus manifestaciones en virtud de los estímulos del medio ambiente, físico y social. Si, pues, lo de allá y lo de aquí vienen a coincidir en las páginas que siguen, aparece reforzada y valorada la gentileza del sabio maestro mexicano que invita a un aficionado español para que reciba con él, en el pórtico del libro, a los diligentes lectores.

Ni el investigador Mendoza, ni yo, podemos extrañar que se haya dado esa transvasación de la lírica popular, sin mengua de la materia, en los lugares de procedencia inmediata, para no hablar de origen, ya que esta última palabra nos llevaría demasiado lejos. Tan lejos que muchos de los juegos y de las acompañantes canciones infantiles proceden de los primeros tiempos de la civilización.

Un viajero y buen averiguador de estas cosas, Yrjo Hirn, llega a decir que la religión cristiana ha bordado un dibujo sobre un viejo fondo pagano y dado a los juegos un sentido nuevo, y a veces más profundo que el sentido primitivo. Así hay —ejemplo entre muchos— un juego en el que dos niños cantan y entrelazan sus manos para sostener en rítmico balanceo a un tercer compañero, que debe saltar ágilmente en un momento dado. Si logra hacerlo conforme a las reglas, entra en el Paraíso; en el otro caso, de caer torpemente, queda condenado al Infierno. La tradición multisecular nos dice que la inocente diversión reproduce a su modo la "pesada de las almas", conocida de algunas viejas religiones. El trompo y las cometas sirvieron para fines mágicos y simbólicos, y el ruidoso tambor, que con tanto placer golpean los niños, fue un día instrumento de carácter religioso, y algunos apartados pueblos encuentran todavía cierto misterio en su sonar monótono. Dentro de otros aspectos del juego, la tendencia imitativa lleva a los pequeños de ciertas tribus, donde las uniones matrimoniales se logran mediante el robo de la mujer, a divertirse con el rapto de la fingida esposa, de análogo modo a como nuestros niños y niñas juegan a las bodas.

Pero la nota que interesa señalar aquí es la universalidad de la canción y los juegos, esto es, de su tendencia a viajar y difundirse. Dudley Kidd encontró en el interior de África recreos infantiles iguales a los europeos, que esos pueblos se habían apropiado directamente al entrar en contacto con gentes civilizadas, o los habían recibido por intermedio de otras tribus, admitiéndose la posibilidad de que sea ello una herencia venida desde las antiguas migraciones.

Ha de anotarse asimismo que el contagio gozoso de canciones y juegos se halla facilitado por la natural tendencia de los niños a la ya aludida imitación —que los lleva a fingir guerras en calles y plazas cuando los mayores luchan sangrientamente en los campos de batalla— y por la disposición de los humanos a enriquecer su experiencia y a satisfacer una curiosidad siempre 'alerta en la infancia normal. Por otra parte, los niños puede decirse que son los conservadores más fieles de este tesoro folklórico. Se cita, como caso concreto entre miles, el de la balada escocesa "The two brothers", de la que se recogieron algunas versiones a principios del siglo XIX, *perdiéndose desde entonces sus amables señales, hasta que en los años primeros de la actual centuria volvió a ser escuchada en boca de niños pobres mendigando en ciudades de Norteamérica.*

Ocurre también que las personas mayores hagan suyas, sin saberlo, las canciones de los niños. Entre el pueblo canadiense hay quienes se recrean entonando "En roulant une boule roulant", relato musicado que antiguamente divertía a los niños mientras rodaban una pelota. Ello viene a indicar que las edades borran sus diferencias en la hora de satisfacer la necesidad espiritual de recreo que siente el hombre y que señalara Cervantes en el prólogo de sus Novelas Ejemplares. *Stanley Hall llega a más, a mucho más, pues afirma que solamente podrá llegar a ser un buen soldado y líder de su pueblo el individuo que en la niñez haya podido divertirse con aquellos juegos que en su país forman una corriente popular y tradicional. Quizá a esta excesiva aseveración pudiéramos oponer los nombres de algunas individualidades, guías de la Humanidad, que no parece se hayan significado por este lado durante su infancia pensativa y soñadora.*

Venimos aludiendo juntamente a la canción y al juego, ya que su relación suele ser íntima y en muchos casos inseparable, ello por el mandato de la infatigable actividad congénita al desarrollo del niño; relación que favorece el ritmo de los movimientos y de las palabras, aunque éstas lleguen a padecer. "En los juegos infantiles —escribe Alfonso Reyes en El Deslinde— *es manifiesto que la razón cede el paso al dinamismo vital, y el ritmo borra las significaciones. Así aquel sonsonete que inspiró un capricho lírico a José Asunción Silva:*

> Aserrín, aserrán,
> los maderos de San Juan
> piden pan y no les dan...
> Riqui, riqui, riquirrán.

9

Larga historia tienen estos maderos de San Juan, cuya presencia en la canción de aquí y de allá acaso viene desde los lejanos tiempos de la Paganía, ahora alegrada la canción por ese estribillo y el aire gracioso que le dan las ingenuas voces de los niños. ¡Magnífica imaginación creadora la suya, que saca chispas de belleza de unos maderos, pidan o no pidan pan, esto es, bien amasadas hogazas que dorar en sus llamas olorosas! Análogas formulillas ritmadas animan otras muchas canciones y juegos infantiles, donde lo principal lo ponen los pequeños con su regocijo. Yrjo Hirn quiere, sabiendo posiblemente lo que dice, que las sílabas onomatopéyicas, las palabras, frases y versos con que suelen comenzar algunos juegos y cuyo significado no podemos descifrar, sean como restos de viejas oraciones y encantamientos que, por el intermedio de la superstición y la brujería, han pasado del dominio de las religiones primitivas al de los juegos y se mantienen en ellos como deliciosas reliquias. Esto explicaría la persistencia de tales expresiones rituales y su difusión en anchos territorios, cuando no son, como sucede en otras ocasiones, destrozo de frases que, en la lengua propia o en la extraña, habían tenido un sentido. Recuérdese el Ambó, ató, matarile, rile, rile, remembranza verbal de análogo juego de Francia:

Un beau chateau...

Este ejemplo previene contra la tendencia de algunos investigadores, sobrado entusiastas, a buscar la explicación difícil y trascendente para lo que tiene su explicación en la superficie, sin que esta explicación desmerezca. Por eso el talentoso viajero sueco —que se ha complacido en ver, fijar y oír cantar a muchos niños en lugares distintos y distantes— puede escribir: si se exceptúa un pequeño grupo de juegos, cabe decir que todos han tenido como origen algo más que la pura distracción infantil. Claro es que esto no nos detiene para añadir que la canción y el juego son algo tan natural, tan connatural al niño que por fuerza han debido tener su aparición en los días matinales de la vida social humana.

Esta creencia permite admitir más fácilmente la difusión de
los juegos y sus semejanzas entre países y tiempos diferentes.
C. M. Bowra apunta que los niños griegos podrían cantar en
los remotos días:

> ¿Dónde están mis rosas, mis pensamientos,
> mis lindas ramitas de perejil?
> Aquí están tus rosas, tus pensamientos,
> tus lindas ramitas de perejil.

Fácil sería relacionar este diálogo feliz con otros diálogos
lúdicos de niños mexicanos, de niños españoles y de otras par-
tes, ya que abunda la materia semejante; pero debemos ir ter-
minando este prologuillo.

Al recorrer ahora las páginas que van a seguir he podido
comprobar, en ejemplos concretos, la relación que el autor se-
ñala entre los cantos españoles y los mexicanos, así como los
enriquecimientos y modificaciones que aquí ha tenido la lírica
infantil. El lector peninsular siente particular agrado al com-
probarlo y advertir introducidas palabras nacionales de acá en
el texto de procedencia: atolito, zopilote, coyote, pipián, To-
lolotlán y muchas más. No puede menos también de emocionarle
un poquitín encontrar en México personajes conocidos de
tiempo atrás: la pájara pinta, la muñeca vestida de azul, la
viudita de Santa Isabel, San Serafín del Monte, María la Pas-
tora, la muchacha que sale a pasear un sábado por la tarde, la
otra muchacha que se quería casar, don Gato, Delgadina y
el ubicuo y guerrero Mambrú, para mencionar algunos de los
antiguos y simpáticos conocimientos.

Alegría de los niños en todos los lugares, de las personas
mayores al escucharlos y motivo de inspiración para los altos
poetas, así Juan Ramón Jiménez:

> Por la tarde mi triste fantasía doblada
> Sobre el cristal escucha los cantos de los niños,
> Los cantos de los niños que nunca dicen nada,
> Que son ronda de flores, música de cariño.

LUIS SANTULLANO

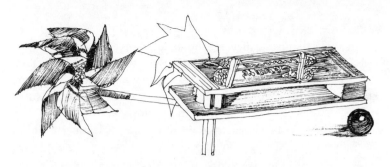

INTRODUCCIÓN

La presente recolección pretende reunir las cantilenas más favoritas que los niños de México entonan en sus entretenimientos. Todas ellas llenas de candor y puerilidad, son la expresión espontánea de la niñez cuando, sin ningún género de trabas, exterioriza lo más selecto de su sensibilidad y da rienda suelta a su ingenio siempre fresco, vivo y jocundo.

El autor ha querido solamente presentar en un volumen breve los ejemplos que con mayor frecuencia afluyen a los labios de los pequeñuelos de las diversas regiones del país. La necesidad de conocerlos y aprovecharlos por propios y extraños, es la principal razón que impulsó a su recolección y estudio, así como el ofrecer este gajo del saber popular, separándolo del resto del folklore infantil, mucho más nutrido y amplio, pero que solamente encierra la expresión verbal.

Esta colección obedece también al deseo de salvar del olvido todos aquellos cantos que han llegado hasta nosotros y que fueron el patrimonio de nuestros padres y abuelos. Todos ellos llevan sus melodías correspondientes, a fin de poner al alcance del público en general y de los padres y maestros en particular, una de las series más interesantes del folklore de México y cuyos ejemplos pueden ser utilizados lo mismo en el hogar que en la escuela, en los parques que en festivales escolares o en el jardín de niños, ofreciendo de este modo el acervo tradicional más exquisito.

Heredados estos cantos de la cultura hispánica, responden a la sensibilidad de los peninsulares que con mayor abundancia han afluido a México desde los tiempos de la Conquista: asturianos, castellanos, gallegos, andaluces y extremeños, enriquecida esta sensibilidad con los diversos mestizajes producidos en nuestro país; mas casi siempre la expresión musical, así como el desarrollo de los temas, son novedosos, desenvueltos y exuberantes, dando el índice de nuestra musicalidad.

Lo mismo en la ciudad que en el campo, a la puerta de las casas o en los patios, a lo largo de las calles o en las plazas; unas veces durante las horas de recreo en las escuelas, otras por la tarde, ya cumplidas sus labores, al oscurecer las más veces, cuando la hora adquiere el prestigio de lo misterioso o de lo sublime; en las primeras horas de la noche, cuando la luna en su plenitud envía su luz dorada, son entonados estos cantos, con voz blanca, en medio de los juegos, por los chiquitines, casi siempre agrupados por edades y por sexos.

Los juegos son ejecutados en forma tradicional, fragmentaria las más veces, denotando con esto una gran antigüedad; otras ocasiones, nuestros niños introducen en ellos interpretaciones imprevistas, de acuerdo con el ingenio y la espontaneidad infantil. Empiezan con los más favoritos, continúan con los menos usados y terminan con los más raros y difíciles o que requieren un grado más alto de entusiasmo, o bien con los de reciente importación.

Como simple plan para agrupar estos cantos he seguido el desarrollo natural de los niños, poniendo en primer término las *canciones de arrullo,* luego las *coplas de nana,* a continuación los *cánticos religiosos,* seguidos de los *de Navidad,* y dando más adelante las *coplas infantiles,* que corresponden a niños de 6 a 8 años. Sigue la serie de los *juegos* en diferentes formas y aspectos, abundando los *corros de niñas;* les siguen los *cuentos de nunca acabar* y concluyo con las *relaciones, romances, romancillos, mentiras y cantos aglutinantes,* que revelan en el niño un desarrollo intelectual suficiente para ordenar series progresivas o regresivas que muestran agudeza e ingenio.

Inician la serie de cantos infantiles los de arrullo, no porque los niños los produzcan o inventen, sino porque siendo lo primero que escuchan en la vida, modelan en cierto modo su sensibilidad, quedando tan profundamente grabados en su cerebro que los recuerdan a través de las demás etapas de su existencia y el escucharlos les despierta la añoranza de sus primeros años.

En realidad son las madres, nanas y nodrizas las que crean los arrullos y ellos revelan la herencia cultural transmitida y la persistencia de estas manifestaciones.

Por esta causa estas cantilenas ofrecen un desarrollo ideológico literario y musical mucho más evolucionado que las que improvisan los niños, llegando en ocasiones a constituir verdaderas joyas melódicas, ricas en sentimiento y fantasía.

Las madres entonan estos cantos teniendo a sus hijos en los brazos, sobre las rodillas, meciéndoles suavemente o colocados en la cuna, imprimiendo a ésta un balanceo suave y pausado; ocasiones hay en que entonan el canto sin mover al niño, estando tendidas en el lecho y el pequeño dormido sobre el brazo de la madre. El movimiento del canto no siempre es pausado y acorde con el de la cuna, sino que se acelera más o menos y "ralenta" del mismo modo; mas estas modificaciones siempre tienen como pivote el tiempo normal *andante,* de 80 pulsaciones por minuto.

Cerca de una treintena de ejemplos forma este primer capítulo, principiando por los arrullos que se entonan al Niño Dios en la Navidad, siguiendo alrededor de una docena de arrullos de franco carácter español, con algunos matices criollos que encierran ya el sentimiento, fruto de nuestra sensibilidad mexicana.

La preponderancia del verso exasílabo y de una fórmula rítmica indudablemente heredada de España y procedente, con más precisión, de Asturias y Extremadura, aparece clara en las diversas melodías de este grupo, imprimiendo un carácter de ternura y simplicidad que bien observado dimana de los primitivos villancicos de Navidad que enseñaran los evangelizadores desde los primeros años del coloniaje.

El ejemplo a continuación muestra seis variedades de la fórmula antes dicha y ofrece seis posibilidades de adaptación a distintos compases. Ella está constituida por un grupo de cuatro valores impulsivos como anacrusa y dos valores conclusivos más largos. Es ella la que comprueba el origen tradicional español de una gran parte de los arrullos mexicanos.

Los primeros quince ejemplos espigados de los diversos del país muestran hasta qué grado la cultura hispánica quedó impregnada y dispersa, y de qué modo nuestras gentes de las diferentes regiones reaccionaron ante dicha cultura. A partir del ejemplo Nº 16 el pueblo de México irrumpe con expresiones propias, manifestadas a lo largo del siglo xix; ellas ofrecen desde alusiones políticas de mediados del siglo pasado hasta otras en que se insinúan los adelantos científicos de nuestra época. Del ejemplo Nº 23 al Nº 28 se consignan cantos en que el sentimiento indígena ha venido a sumarse a lo español, produciendo cantos de arrullo con alusiones a animales pertenecientes a la fauna de nuestro país y dando nacimiento a expresiones que están más cerca del alma del mestizo. El último ejemplo es probablemente uno de los pocos rasgos que comprueban la presencia del negro en nuestro suelo.

COPLAS DE NANA

No obstante que existe un numeroso acervo de esta serie de cantos, solamente se incluyen unos cuantos de los más convincentes, pues una gran mayoría se ejecutan únicamente en forma

de salmodia rítmica, sin alcanzar un verdadero interés meló-
dico; se han escogido con este fin aquellas cantilenas que
contienen inflexiones más acusadas. Han sido ordenadas de
manera progresiva, empezando por aquellas coplas en que el
niño tiene que controlar los movimientos de sus manos, pies
o cabeza; acostumbrarse a dominar sus nervios, mediante movimientos cada vez más intensos y bruscos: hacia arriba, hacia
abajo, a la derecha o a la izquierda o bien de delante atrás;
algunos son verdaderos ejercicios para adiestrar sus ojos o para
fijar rudimentariamente su atención. Pertenecen todas estas
cantilenas a una didáctica gradual y dosificada, la que también, con fines higiénicos, provoca la hilaridad del niño.

CÁNTICOS RELIGIOSOS

Entre los ejercicios frecuentes que practican los pequeñuelos
mexicanos existen cantilenas devotas que, ya sea en colectividad
en las iglesias o en forma aislada, repiten, formando parte del
acervo de sus cantos. Éstos son breves invocaciones que entonan
al atardecer, coplas romanceadas, algunas alabanzas aprendidas
de sus padres, alguna décima desprendida de las devociones
diarias o cánticos entonados en la celebración de fiestas popu-
lares como la de la Santa Cruz, o de romerías y rogativas que
tienen lugar en el campo. Todo ello, por tener valor tradicional
y estar sumamente difundido entre los niños de todas las
regiones del país, obliga a considerarlo como un sector repre-
sentativo de la lírica infantil mexicana.

CANTOS DE NAVIDAD

Durante las nueve noches consecutivas que preceden a la Noche Buena y en ella misma, o sea en las jornadas o *posadas*
que se celebran en México con inusitado alboroto, nuestros
niños tienen oportunidad de entonar series de cantos de Navidad, bien conocidas y privativas de las diversas regiones del
país. El entusiasmo de los pequeñines se manifiesta lo mismo

en las letanías que en las jaculatorias y misterios que acompañan a las devociones o bien en los gritos, exclamaciones y coplas que preceden al reparto de juguetes y dulces, así como aquellas en que prorrumpen cuando se acerca el momento de quebrar la piñata.

Las diversas ceremonias y actos durante la Noche Buena dan lugar a que el entusiasmo infantil llegue al paroxismo y entonces, además de los cánticos de las noches precedentes, son entonados villancicos pastoriles, arrullos al Niño Dios y coplas alusivas que sólo en dicha ocasión tienen perfecto acomodo. Esa noche se cantan por las calles, por grupos de muchachos que llevan una rama de pino, adornada con flores, tiras de papel y farolillos, aguinaldos, o sea coplas para pedir dinero o regalos. Algunos de éstos, como los que se entonan en el Puerto de Veracruz, se hallan difundidos por las Antillas, desde Puerto Rico hasta nuestras costas.

COPLAS INFANTÍLES

Las coplas incluidas en esta sección son muy numerosas y para darles cabida en este libro ha sido necesario seleccionarlas; en ellas los chicos expresan sin embozo los más diversos sentimientos: chacota, burla, donaire, ironía, buen humor, etc.; así encontramos la de doña Tadea, murmuradora y rezandera; la de la niña que no quiere que le pidan que cante; aquellas coplillas tradicionales españolas de versos que terminan con palabras sobreesdrújulas, y un ejemplo que reproduce las formas arcaicas de la enseñanza de la lectura por medio de las cartillas en el siglo XVI, tituladas "Christus ABC".

Una fórmula tradicional leonesa es la de Vacalín, vacalón; otras están más arraigadas en las costumbres del centro del país como la de la niña que quiere piñones y la de "El nidito". En ocasiones los chicos inventan versos para brincar en un pie, para caminar dando vueltas sobre sí mismos, cantando coplas onomatopéyicas o imitando los toques de trompeta de los soldados, o se entretienen en cargar a sus compañeros, en-

18

tonándoles responsos en broma sobre salmodias gregorianas, y en lo general, todas estas expresiones ponen de relieve la agudeza de los niños de 7 a 12 años, aunando la fantasía creadora y la improvisación al movimiento y al ejercicio, dándoles un ardite el sentido trágico de la Muerte, a la que aplican toda clase de alusiones despreocupadas.

Muñeiras

El título de esta breve sección nos indica ya su origen gallego. Son muy frecuentes estos cantos en boca de niños y se hallan dispersos por todo el país, cantándose en diversas circunstancias, muy especialmente en las fiestas de Navidad. Lo característico de su texto, ritmo y forma ha hecho que se conserven profundamente arraigadas en la memoria de nuestro pueblo.

Juegos infantiles

Se inicia este capítulo con tres ejemplos de coplas para sortear o para establecer las jerarquías en los diversos juegos. Los textos, admirablemente adheridos a los cantos, mantienen la persistencia que adquirieran en la península española desde su origen, y así encontramos la ascendencia directa de muchos de ellos en Asturias, Castilla, Andalucía o el Levante español. Algunos se mantienen íntegros y sin modificación; otros han sufrido la absorción de nuestro ambiente, adquiriendo rasgos característicos mexicanos.

Dos juegos: "María la pastora" y "Matarileriileró", provienen de la tradición francesa y nos llegaron por mediación de España. Otros temas declaran por sí mismos su antigüedad, como el de "Doña Blanca", que deriva de aquel otro español llamado "Doña Sancha". Aparece un ciclo en el que quedan incluidos: "A la víbora de la mar", "El ánimo" y "Pasen, pasen, caballeros", mencionado por Alonso de Ledesma y por Rodrigo Caro como tradición greco-latina en la Península; entre nosotros ha llegado a transformarse en el juego de "El nahual", el cual deriva a su vez de otro español: "El lobo", existente en el Estado de Veracruz.

En lo general, la casi totalidad de este capítulo la constituyen juegos tradicionales, que se mantienen puros unas veces, otras modificados; las más, han perdido su integridad y los niños mexicanos les han aplicado un sentido muy diverso; pero todos ellos dan testimonio de la presencia de los peninsulares en nuestras ciudades y en el campo y de la persistencia de la cultura hispánica implantada en nuestro suelo.

CUENTOS DE NUNCA ACABAR

Aparecen aquí, reunidos en serie, siete ejemplos de relato circular que se repite indefinidamente, hasta que los que escuchan se fatigan de la repetición y piden otro tema.

Se incluyen únicamente los cantados, empezando por aquel sumamente difundido: "Bartolo y su flauta", el de "Los frailes en oración", el de "El cojo", que no alcanza a los jinetes, o aquel otro que se quedó dormido en su caballo. Dos ejemplos de "El barco chiquito" muestran la persistencia de este ejemplo francés, concluyendo con uno de factura moderna.

RELACIONES, ROMANCES, ROMANCILLOS, MENTIRAS Y CANTOS AGLUTINANTES

En este capítulo final puede apreciarse la presencia de temas tradicionales españoles, incluyendo la canción burlesca de "Mambrú" y otros completamente elaborados en México.

Los tres ejemplos que inician este capítulo marcan: la reciente implantación del canto por peninsulares arribados a últimas fechas; el mismo asunto tratado durante la primera década del siglo, y el original tal como se conserva en España. "Los números retornados" y "Los diez perritos" son de igual procedencia entre nosotros; en cambio, la canción de "La suegra" y la historieta de "El gorrioncito y la calandria" aparecen como de factura mexicana. La canción de "Mambrú" ha

20

sufrido parecidas modificaciones; embellecida unas veces, parodiada otras, o conservando sus rasgos originales, la hallamos como manifestación infantil en diversos lugares de nuestra República, sin faltar la aplicación humorística del tema en el "Casamiento del pato y la gallareta".

Vienen a continuación, en igualdad de circunstancias, los romances de "Don Gato", de "Delgadina" y el "Casamiento del piojo y la pulga", ya sea en sus formas originales o completamente modificadas por el ingenio de nuestro pueblo. En igual circunstancia se encuentra el ejemplo titulado: "Las mentiras" y el que alude a la "Ciudad de jauja".

A este grupo de patrañas y mentiras pertenecen los versos de "El piojo", los de "El coyote" y la serie de "Los animales".

Concluye este capítulo con una retahíla, familiar a los niños del centro del país, y con dos cuentos aglutinantes: "El real y medio", con una versión antigua y otra moderna, y el de "La rana", tal como se conoce y practica en el Estado de Veracruz.

CANCIONES DE CUNA

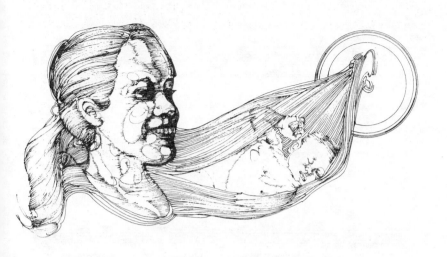

CANCIONES DE CUNA

1. Arrullo del Niño Dios (a)

A la ro_rro ni_ño, a la ro_rro_rró, duérme_te, mi ni_ño, duérme_te, mi a_mor.

Ca_minen, pas_to res, vamos a Be_lem.... a ver a la Vir_gen y al Ni_ño también....

A LA rorro, niño,
a la rorrorró;
duérmete, mi niño,
duérmete, mi amor.

Tus ojitos bailan
cual la luz del sol;

duérmete, mi niño,
duérmete, mi amor.

Caminen, pastores,
vamos a Belén
a ver a la Virgen
y al Niño también.

2. Arrullo del Niño Dios (b)

A la ro_rro, ro_rro ya la ro_rro.rró.... duérme_te, ni_ñi_to de mi co_ra_zón.

A la rorro, rorro,
y a la rorrorró;
duérmete, niñito
de mi corazón.

A la rorro, niño,
y a la rorrorró;
duérmete, bien mío,
que ya amaneció.

3. Arrullo mexicano

A la ro_rro, ro_rro, ya la ro_rro.rró... duérma_se, mi ni_ño, que lo arru_llo yo......

A la rorro, rorro,
y a la rorrorró;
duérmase, mi niño,
que lo arrullo yo.

Gorrioncito hermoso,
pico de rubí,
te traigo una jaula
de oro para ti.

Gorrioncito hermoso,
pico de coral,
te traigo una jaula
de puro cristal.

Dios Omnipotente,
sácame de aquí,
llévame a mi pueblo
donde yo nací.

La melodía con que se canta este arrullo es la más generalizada en casi todo el país, principalmente en los Estados del centro.

4. A la rurru, niño

A la ru.rru, niño.... a la rurru ya......duérmete.mi ni..ño....y duérmete ya......

A la rurru, niño,
a la rurru ya;
duérmete, mi niño,
y duérmete ya.

5. Arestín de plata

A _ res_tín de pla_ta, cu_na de mar_fil...., a_rrullen al ni _ ño que se va a dormir....

Arestín de plata,
cuna de marfil,
arrullen al niño
que se va a dormir.

Este niño lindo
que nació de noche,
quiere que lo lleven
a pasear en coche.

Este niño lindo
que nació de día,
quiere que lo lleven
a la nevería.

Este niño lindo
que nació de día,
quiere que lo lleven
a comer sandía.

6. Este niño lindo

Es_te ni_ño lin_do se quiere dor_mir...,tién_da_le su ca_ma en el to_ron_jil.

Este niño lindo
se quiere dormir,
tiéndanle su cama
en el toronjil.

Toronjil de plata,
torre de marfil,

este niño lindo
ya se va a dormir.

Duérmete, niñito,
que voy a lavar
pañales de lino
con agua de azahar.

7. Arriba del cielo

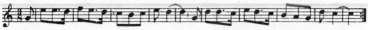

A _ rri_ba del cie_lo es_tá un venta_ni_to.... por donde se_a_so_ma el ni_ño chi_qui_to.....

Arriba del cielo
está un ventanito

por donde se asoma
el niño chiquito.

27

Y más abajito
está una ventana
por donde se asoma
Señora Santa Ana.

Y más abajito
está un postiguito
por donde se asoma
el niño chiquito.

Y más para arriba
está un agujero
por donde se asoma
narices de cuero.

En medio del cielo
hay un baldaquín
en donde se sienta
Señor San Joaquín.

Arriba del cielo
está un arroyito
donde María lava
todo pañuelito.

Arriba del cielo
hay muchos columpios
en donde se mecen
los niñitos rubios.

8. SANTA MARGARITA

San.ta Marga. ri.ta, ca - ri.ta de lu . na, duérmeme es.te ni.ño que tengo en la cu.na.

Santa Margarita,
carita de luna,
duérmeme este niño
que tengo en la cuna.

Santa Margarita,
carita de queso,
duérmeme este niño
que tengo tan necio.

Corran borreguitos,
por estas laderas,
cortando rositas
de la primavera.

Canten, pajaritos,
con gusto y contento,
diviertan al Niño
en su nacimiento.

Los gallos cantaron,
las aves salieron,
árboles y plantas
allí florecieron.

Borreguito de oro
de todo mi anhelo,
de las almas justas
lleva mi alma al cielo.

9. Señora Santa Ana (a)

Se..ño.ra Sant'A.na... ¿Porqué llora el ni..ño..? -Por u..na manza..na... que se le ha perdi.do...,

—Señora Santa Ana
¿por qué llora el niño?
—Por una manzana
que se le ha perdido.

—Si llora por una,
yo le daré dos,
una para el niño
y otra para vos.

Señora Santa Ana,
que dicen de vos

que eres soberana,
abuela de Dios.

Señora Santa Ana,
recuérdalo vos,
por una manzana
me ofreciste dos.

Señora Santa Ana,
sosténmelo vos,
por esa manzana
devuélveme dos.

10. La manzana perdida (b)

—Señora Santa Ana,
¿por qué llora el niño?
—Por una manzana
que se le ha perdido.

—No llore por una,
yo le daré dos:
que vayan por ellas
a San Juan de Dios.

—No llore por dos,
yo le daré tres:
que vayan por ellas
hasta San Andrés.

No llore por tres,
yo le daré cuatro:
que vayan por ellas
hasta Guanajuato.

No llore por cuatro:
yo le daré cinco:
que vayan por ellas
hasta San Francisco.

No llore por cinco,
yo le daré seis:
que vayan por ellas
hasta la Merced.

No llore por seis,
yo le daré siete:
que vayan por ellas
hasta San Vicente.

No llore por siete,
yo le daré ocho:
que vayan por ellas
hasta San Antonio.

29

No llore por ocho,
yo le daré nueve:
que vayan por ellas
hasta Santa Irene.

Si llora por nueve,
yo le daré diez:
que vayan por ellas
hasta Santa Inés.

Estos textos enumerativos son utilizados por las madres mexicanas cuando el niño, por alguna causa, tarda en dormirse o se encuentra desvelado.

11. CAMPANITA DE ORO (a)

Campa ni ta de o. ro, si yo te compra. ra, se la die.ra al ni. ño pa.ra que ju.ga.ra

Campanita de oro,
si yo te comprara,
se la diera al niño
para que jugara.

Campanitas de oro,
torres de marfil,

canten a este niño
que se va a dormir.

Campanas de plata,
torres de cristal,
canten a este niño
que ha de descansar.

12. CAMPANITA DE ORO EN LA "DANZA DE TOREADORES" (b)

Campa _ni.ta de o.ro con cor.dón de la.zo. arre a al ca.po. ral.... para este pe _ _ da.zo.

Campanita de oro
con cordón de lazo,
arrea al caporal
para este pedazo.

Campanita de oro
con cordón de cuero,
arrea al caporal
para este potrero.

Mangas de gamuza,
calzón de sayal,
recoge la zaraza
por la calle real.

Campanita de oro
con cordón de seda,
arrea al caporal
y a los que se quedan.

Repique en San Francisco,
responde Catedral.
¡Qué limpia va bajando
la Santa Trinidad!

Campanitas de oro,
pájaros de abril,
cántenle a mi toro
que se va a dormir.

13. Cuchito

Cuchito, Cuchito,
mató a su mujer
con un cuchillito
del tamaño de él.

Le sacó las tripas
y las fue a vender:
"¡Mercarán tripitas
de mala mujer!"

La melodía de este arrullo es derivada de las anteriores, pero su texto puede considerarse como una paráfrasis humorística que contiene, además, como elemento popular, un pregón.

14. Arrullo, de Tabasco

De San Juan quiero la pluma,
de San Francisco el cordón,
de Santa Rita la espina
y de Jesús el corazón.

15. ARRULLO TOJOLABAL

Guayei, mi pi.chi.to . . . . . que tengo que hacer. . . . lavar tus pañales . . . . . ponerme a coser. . . . .

. . . . u=na ca.mi.si.ta . . . . que te has de po.ner. . . . el día de tu Santo . . . . . al a.ma.ne.cer. . . .

Uayei mi pichito,
que tengo que hacer,
lavar tus pañales,
sentarme a coser,
una camisita
que te has de poner

el día de tu santo
al amanecer.
Dormite, niñito,
dormite, por Dios,
si no viene el brujo,
y te va a comer.

16. LAS MARGARITAS

Si las Mar.ga.ri.tas fue.ran de ma.món, cuán.tas Mar.ga.ri.tas me co.mie.ra yo;

pe.ro tie.nen u.ñas, sa.ben a.ra.ñar...; ahi vie.nen los yan.kis se las lle.va.rán.

Si las Margaritas
fueran de mamón,
cuántas Margaritas
me comiera yo;

pero tienen uñas,
saben arañar;
ya vienen los yanquis,
se las llevarán.

17. ARRULLO MEXICANO DEL SIGLO XIX

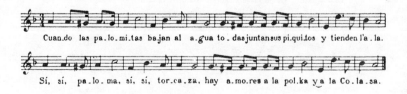

Cuan.do las pa.lo.mi.tas ba.jan al a.gua to.das juntan sus pi.qui.tos y tienden l'a.la.

Sí, sí, pa.lo.ma, sí, sí, tor.ca.za, hay a.mo.res a la pol.ka y a la Co.la.sa.

Cuando las palomitas
bajan al agua,
todas juntan sus piquitos
y tienden l'ala.

Estribillo:

Sí, sí, paloma; sí, sí, torcaza;
hay amores a la polka y a la Colasa.

Te compré tus zapatitos
verdes, color de manzana,
para llevarte a pasear
al Paseo de la Retama.

Sí, sí, paloma; sí, sí, torcaza;
hay amores a la polka y a la Colasa.

Yo quisiera ser paloma,
pero de las muy azules,
para llevarte a pasear
sábado, domingo y lunes.

Sí, sí, paloma; sí, sí, torcaza;
hay amores a la polka y a la Colasa.

18. LA CALANDRIA

En una jaula de oro
pendiente de un balcón
lloraba una calandria,
lloraba su prisión.

33

A la ru y a la rurrurrá,
duérmete, chiquito, y duérmete ya.

Y luego un gorrioncillo
que su lamento oyó
se acercó a la jaula
y la vio, la vio, la vio.

A la ru y a la rurrurrá,
duérmete, chiquito, y duérmete ya.

Y luego la calandria
de este modo le habló:
si me sacas de aquí,
me voy contigo yo.

A la ru y a la rurrurrá,
duérmete, chiquito, y duérmete ya.

Y luego el gorrioncillo
al momento se alegró,
con alas, patas, pico,
los alambres reventó.

A la ru y a la rurrurrá,
duérmete, chiquito, y duérmete ya.

Y luego la calandria
al momento se salió
y allá se fue volando
del gusto que le dio.

A la ru y a la rurrurrá,
duérmete, chiquito, y duérmete ya.

Y luego el gorrioncillo
al momento la siguió,
a ver si le cumplía
la palabra que le dio.

A la ru y a la rurrurrá,
duérmete, chiquito, y duérmete ya.

Y luego la calandria
esto le contestó:
—Ni he sido presa nunca,
ni te conozco yo.

A la ru y a la rurrurrá,
duérmete, chiquito, y duérmete ya.

Y luego el gorrioncillo
al momento se volvió,
se metió en la jaula
y lloró, lloró, lloró.

A la ru y a la rurrurrá,
duérmete, chiquito, y duérmete ya.

19. ARRULLO MODERNO DE CHAVINDA

A la pi - pi - pí de la vion, vion, vión   a la vion, vion, vión de la bo - lin - chón.

A la pi, pi, pí, del avión, vión, vión,
del avión, vión, vión, de la bolinchón.

A la pi, pi, pí, de la pi piñá,
duérmete mi niña del corazón.

20. CANCIONES DE CUNA (textos populares)

Duérmete, niño,
duérmete solito,
que cuando despiertes
te daré atolito.

Duérmete, bien mío,
duerme sin cuidado,
que cuando despiertes
te daré un centavo.

Duérmete, mi vida,
duérmete, mi cielo,
que la noche es fría
y habrá nieve y hielo.

Duérmete tranquilo,
duerme, chilpayate,
que cuando despiertes
te doy guayabate.

Duerme, niño lindo,
ya está tu camita;
que si no llorares
te daré semita.

Niño consentido,
duerme sin cuidado,
en tu bolsa tienes
el nuevo soldado.

El vestido nuevo
puse en el baulito
te vele y te cuide
Señor San Benito.

Ya viene tu nana,
traerá la talega,
en donde se encuentra
tu camisa nueva.

No llores, chiquito,
bello cual la luna,
te daré un besito
ya estando en la cuna.

A la rorro, niño,
que te estoy meciendo;

ya está el atolito
que te estoy haciendo.

Duérmete, mi lindo,
duérmete sin pena;
que cuando despiertes
te daré tu cena.

Bendice a este niño,
Virgen del Rosario,
y en tu capillita
rezaré un sudario.

Duerme, chiquitito,
duérmete y no llores;
que los angelitos
te darán las flores.

Duérmete, lucero,
duérmete ya un poco,
no tengas cuidado,
que no viene el coco.

Duérmete, mi lindo,
que tengo que hacer,
echar las tortillas,
ponerme a moler.

*Estos textos, que contienen expresiones comunes y familiares al
pueblo de México, son intercalados indistintamente en las melodías
precedentes, concebidas para versos exasílabos.*

21. Que rorro, que nene

Que ro-rro, que ne-ne, que tan, tan, tún; que a-to-le de le-che pa-ra Don Juan...

Que rorro, que nene,
que tan, tan, tan;

que atole de leche
para don Juan.

22. Duérmete, niña bonita

Duerme-te,.... ni-ña bo-ni-ta, duér-me-te,.... chi-qui-ti-ti-ta; duérme-te que ahi viene el viejo y te a-rran-ca-rá el pe-lle-jo y te pon-drá o-tro más vie-jo.

Duérmete, niña bonita,
duérmete, chiquitita,
duérmete, que ahí viene el viejo
y te arrancará el pellejo
y te pondrá otro más viejo.

23. A la rurru raca...

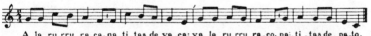

A la ru-rru ra-ca, pa-ti-tas de va-ca; ya la ru-rru ra-co, pa-ti-tas de pa-to.

A la rurru   A la rurru
raca   raco
patitas   patitas
de vaca.   de pato.

24. Rurrú, ru camaleón

Ru-rrú, ru, ca-ma-león, ru-rrú, ru, cama-león, su na-na be-ce-rro y su ta-ta gu-rrión.

Rurrú ru camaleón,   su nana becerro y
rurrú ru camaleón;   su tata gurrión.

25. ARRULLO MESTIZO DE CHAVINDA

Ru_rru ca_rrurru,ca_be_za de bu_rro; ru y ru y ru ca_ma_rón.

Rurru, carrurru,
cabeza de burro,
ru y rú
y rú camarón.

Su tata y su nana
se fueron a León,
a ver el convite
del viejo pelón.

26. RURRU QUE RURRU

Ru_rro que ru_rro.... ro_rro ro_rró,ru_rru que ru_rru.... ru_rru ru_rrú;

Duér_me_te, ni_ño,... duér_me_te ya, que ahi vie_n'el vie_jo y te co_me_rá.

Rurru que rurru,
rorro, rorró,
rurru que rurru,
rurru rurrú,

Duérmete, niño,
duérmete ya,
que ahí viene el viejo
y te comerá.

27. ARRULLO MESTIZO DE MÉXICO

Duér_me_te mi ni_ño con to_doy tam_ba_che, tu ma_dre la zo_rra, tu pa_dr'el tla_

cuache. Duérme_te, ni_ñi_ta,que a hi'vie_n'el vie_jo, a lle_var_te viene con to_doy pe_llejo.

Duérmete, mi niño
con todo y tambache,
tu madre la zorra,
tu padre el tlacuache.

Duérmete, niñita,
que ahí viene el viejo,
a llevarte viene
con todo y pellejo.

Duérmete, niñito,
que ahí viene el coyote,
a llevarte viene
y a comerte al monte.

Duérmete, mi niño,
que estás en cajón;
tu madre la zorra,
tu padre el tejón.

Duérmete, niñito,
no venga el caucón,
te quite la vida
y a mí el corazón.

28. Duérmase, niño

Duérmase, niño,
que ahí viene el viejo,
le come la carne,
le deja el pellejo;
su mama la rata,
su papa el conejo.

29. Arrullo de negros

A la rorro, niño, a la rorro ya,
ay, podque si viene el coco,
te comeá y te comeá.

Duédmete niño, y duédmete ya
podque si viene el tata
te pegadá y te pegadá.

Duédmete, niño, y duédmete ya,
ya vienen los angelitoj
y te llevadá y te llevadá.

Cierra tus ojitoj, tus ojitoj ya,
lo mismo de mañosito
como el papá, como el papá.

COPLAS DE NANA

COPLAS DE NANA

30. TENGO MANITA

Ten-go ma-ni-ta, no ten-go ma-ni-ta; por-que la ten-go des-con-cha-va-di-ta.

TENGO manita,
no tengo manita,
porque la tengo
desconchabadita.

*Las madres toman la mano al niño y la mueven de arriba abajo
de modo que quede suelta y se mueva libremente; luego que el
niño ha aprendido esto, le enseñan a que pronto la ponga
rígida hacia arriba, con lo que va gustando de repetir esto entre
risas y halagos.*

31. LA MANO DE LA NEGRA

Que se le cae la ma.no a la ne.gra, que se le cae y que se le quiebra.

Que se le cae
la mano a la negra,
que se le cae
y que se le quiebra.

*Viene a ser muy semejante al jueguito anterior: el niño aprende
a mover la mano muy suelta, ya hacia un lado, ya hacia otro.*

32. LA TOCA DE LA NEGRA (a)

Que se le que.ma la to.ca a la ne.gra, que se le

quema, que se le a.bra.sa, que se le que.ma la ca.la.ba.za.

Que se le quema
la toca a la negra,
que se le quema,
que se le abrasa,
que se le quema
la calabaza.

Que se le quema
la toca a la negra,
que se le quema,
que se le abrasa,
que se le quema
toda su casa.

*El niño aprende a hacer diversos movimientos con la mano, ya
con el puño cerrado, ya con los dedos abiertos y lo mismo con
ambas manos.*

33. LA TOCA DE LA NEGRA (b)

Que se le quema
su toca a la negra,
que se le quema,
que se le abrasa;

que se le quema
su calabaza,
que se le quema
todita su casa.

Las melodías de estos cuatro ejemplos derivan indudablemente de muñeiras gallegas; se colocan en este lugar, debiendo aparecer en el capítulo respectivo, por conservar el orden progresivo de estos juegos.

34. LA PATA DE CONEJO (a)

Menea la pata
de conejo,
menéala tú,
perro viejo.

Cuando vayas
a casa 'tío Peña,
con la patita
le haces la seña.

Sentado el niño, de espaldas, en el regazo de la madre, ésta le toma un pie al niño y le enseña a moverlo de arriba abajo.

35. La pata de conejo (b)

Cuando voy
a casa de Peña,
con la patita
le hago la seña.

Ven acá,
burrito viejo,
daca la pata
de conejo.

36. La patita (c)

Mueve la pata,
perro viejo,
mueve la pata
de conejo.

Mueve la pata,
perro ganso,
mueve la pata
de garbanzo.

Muy semejante al anterior, ya con un pie, ya con el otro.

37. Los ratoncitos

Que son tantos y tantitos,
que son tantos los ratoncitos;
que son tantos y tantotes,
que son tantos los ratonzotes.

Mientras se canta se juegan los dedos de la mano enfrente de la cara del niño, provocando la hilaridad y despertando y fijando la atención.

38. Quiquiriquí

Qui.qui.ri.quí..., can.ta el ga.lli.to, a mí no me quieren por ser chi.qui.ti.to.

> ¡Quiquiriquí!
> canta el gallito;
> —a mí no me quieren
> por ser chiquitito.

Se le enseña al niño a levantar rápidamente la cabeza.

39. Caballo de pita (a)

Ca.ba.llo de pi.ta, ca.ba.llo de la.na, va.mos a la gue.rra del co.jo San.

ta Anna. Y há.ga.se p'a.cá, y há.ga.se p'a.llá, que mi ca.ba.lli.to lo a.tro.pe.lla.rá.

Caballo de pita,	Y hágase p'acá,
caballo de lana,	y hágase p'allá,
vamos a la guerra	que mi caballito
del cojo Santa Anna.	lo atropellará.

El niño sentado a horcajadas sobre una pierna de la mamá; ésta, durante la primera estrofa, mueve la pierna de arriba a abajo, apoyándose en la punta del pie; durante la segunda, mueve la rodilla de un lado para otro, mas siempre sosteniendo al niño por las manos.

47

40. Los caballitos (b)

D'e-sos ca-ba-llos que vie-nen y van nin-gu-no me gus-ta co-mo el a-la-

zán. Há-ga-se p'a-cá, há-ga-se p'a-llá que mi ca-ba-lli-to l'a-tro-pe-lla-rá.

De esos caballos
que vienen y van
ninguno me gusta
como el alazán.

De esos caballos
que vende usted
ninguno me gusta
como el que se fue.

Estribillo:

Hágase p'acá,
hágase p'allá,
que mi caballito
lo atropellará.

Hágase p'acá,
hágase p'allá,
que mi caballito
lo atropellará.

Los caballitos (c)

Há-ga-se pa'a-cá y há-ga-se pa'a-llá que mi ca-ba-lli-to lo a-trompi-lla-

ra. De los ca-ba-lli-tos que vie-nen y van el que más me gusta es el a-la-zán.

Estribillo:

Hágase p'acá,
hágase p'allá,
que mi caballito
lo *atrompillará.*

De los caballitos
que vienen y van
el que más me gusta
es el alazán.

48

41. Riquirrán

Ri‿qui‿rrán, los ma‿de‿ros de San Juan, pi‿den pan y no se lo

dan, pi‿den que soy les dan un hue‿so pa‿ra que se ras‿quen e‿se pes‿cue‿zo.

Riquirrán, riquirrán,
los maderos de San Juan
piden pan y no se lo dan,
piden queso y les dan un hueso
para que se rasquen
ese pescuezo.

Sentado el niño en las rodillas de la madre, de frente a ella, sostenido por las manos, se le inclina hacia adelante y hacia atrás, haciéndole reír de este modo; al fin, se le hacen cosquillas en el cuello.

CANTICOS RELIGIOSOS DE NIÑOS

CÁNTICOS RELIGIOSOS DE NIÑOS

42. ORACIÓN DE LA TARDE

-¡A - ve Ma - ría Pu - rí - si - ma del Re - fu - gio!

¡Sin pe - ca - doo - ri - gi - nal con - ce - bi - da!

¡Ben - di - ta sea laho - ra.... que can - ta laau - ro - ra....

el hom - bre la re - za.... yel án - gel laa - do - ra...!

¡AVE María Purísima del Refugio!
¡Sin pecado original concebida!
¡Bendita sea la hora

53

que canta la aurora,
el hombre la reza
y el ángel la adora!

43. VAMOS, NIÑOS, AL SAGRARIO

Vamos, niños, al Sagrario,
que Jesús llorando está;
pero viendo tantos niños
qué contento se pondrá.

No llores, Jesús, no llores,
que nos vas a hacer llorar,
que los niños de esta casa
te queremos consolar.

44. AL SANTO NIÑO DE ATOCHA

El Niño de Atocha
no se halla en Plateros,
se halla en los caminos
amparando arrieros.

Niñito de Atocha,
Manuel de Jesús,

reluciente antorcha,
nuestro amparo y luz.

Niñito de Atocha,
ya vine de viaje,
y aquí te traigo
tu varita y guaje.

54

45. Alabanza a San Miguel

—¡Quién como Dios!
—Nadie como él.
—Santo, Santo, Santo,
Señor San Miguel.

—¡Quién como Dios!
—Alaba su poder (*bis*)
Santo, Santo, Santo,
Señor San Miguel.

46. Bendita sea tu pureza

Bendita sea tu pureza
y eternamente lo sea,
pues todo un Dios se recrea
en tu graciosa belleza.
A ti, celestial princesa,

Virgen, sagrada María,
yo te ofrezco en este día
alma, vida y corazón;
mírame con compasión,
no me dejes, madre mía.

47. ¿Quién es aquella Señora? (a)

—¿Quién es aquella Señora
que anda por el corredor?
—Santa María Magdalena
prima hermana del Señor. (*sic*).

47. ¿Quién es aquella Señora? (b)

—¿Quién es aquella Señora
que anda por el corredor?
—Santa María Magdalena
que anda en busca del Señor.

Del tronco salió una rama
y de la rama, una flor
y de la flor, una imagen
de la Limpia Concepción.

48. A la Virgen de Guadalupe

¡Oh Virgen, niña Lupita,
alabada sea tu gloria!
Y si quieres más *cariños*
te los damos desde'ora.

Con tu cara de rosita,
y con tus ojos vivitos,
y tus manos rechiquitas
pareces un angelito.

Ya no más que tú quisieras
una puertita del cielo
l'ibas a dejar abierta
y para nuestro consuelo.

Bendito día de diciembre
y de tus apariciones,
eres mi niña Lupita
la salvación de los hombres.

49. Albricias a la Virgen de Guadalupe

Al_bri_cias, al_mas...cris_tia_nas, que ya vie_ne a quí Ma_rí_a... en_cum_bran sus res_plan_do_res, ya vie_ne la luz del_dí_a....

¡Albricias! Almas cristianas,
que ya viene aquí María;
encumbran sus resplandores,
ya viene la luz del día.

Dele vuelta a esas esquilas,
repiquen esas campanas,
que nos viene a visitar
la Virgen Guadalupana.

Extiendan las *varipalias* *
compongan esos caminos,
porque nos viene alumbrando
con esos ojos divinos.

Vamos, vamos a encontrarla,
apresuremos los pasos;
que nos viene a visitar
pasando muchos trabajos.

Vamos, vamos a encontrarla,
demos el paso veloz,
háganlo con reverencia,
que es María, Madre de Dios.

Madre mía de Guadalupe,
tu visita no merezco;
para la hora de mi muerte
estas albricias te ofrezco.

50. A la Santa Cruz

(♩=50)

Las gracias le demos a la Santa Cruz... Ma_de_ro sa_grado, cama de Je_sús...

Con e_sos tres cla_vos que tie_ne la Cruz, con e_sos tres cla_vos que tie_ne la Cruz con

e_llos cla_va_ron a nues_tro Je_sús, con e_llos cla_va_ron a nuestro Je_sús.

Coro: Las gracias le demos
a la Santa Cruz,

* Varas y palio.

madero sagrado,
cama de Jesús.

Estrofa: Con esos tres clavos,
que tiene la Cruz,
con ellos clavaron
a nuestro Jesús.

Coro: Las gracias le demos...

Estrofa: Allá en el Calvario
llevaron la Cruz,
la Virgen lloraba,
murió su Jesús.

Coro: Las gracias le demos...

Estrofa: Por esas insignias
que tiene la Cruz,
nunca nos olvides,
mi Padre Jesús.

Coro: Las gracias le demos...

CANTOS DE NAVIDAD

CANTOS DE NAVIDAD

51. JACULATORIA

De mi co-ra-zón qui-sie-ra ha-ce-ros u-na ca-rro-za pa qu'en

e-lla ca-mi-na-ran el cas-to Jo-séy su es-po-sa.

DE MI corazón quisiera
haceros una carroza,
pa'que en ella caminaran
el casto José y su esposa.

52. Bendito y alabado

Y bendito y alabado
por toda la eternidad,
y así sea por los siglos
y de los siglos, amén.

53. Ándale, Anita...

Ándale, Anita,
no te dilates
con la charola
de los cacahuates.

54. Tengo una canasta

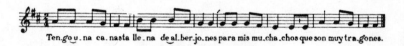

Tengo una canasta
llena de *alverjones*
para mis muchachos
que son muy tragones.

55. Para quebrar la piñata

Da_le, da_le, da_le, no pierdas el ti_no; mi_de la dis_tancia quehay en el ca_mi_no.

Dale, dale, dale,
no pierdas el tino
mide la distancia
que hay en el camino.

56. Venid, pastorcitos

Ve_nid, pas_tor_ci_tos, ve_nid a_do_rar al Rey de los cie_los que ha na_ci_do ya.

Venid, pastorcitos,
venid a adorar
al Rey de los Cielos
que ha nacido ya.

57. Vámonos, pastores

Vá_mo_nos, pas_to_res, va_mos a Be_lén a ver a la Vir_gen

y al Ni_ño tam_bién quehana_ci do el Ni_ño pa_ra nues_tro bien.

Vámonos, pastores,
vamos a Belén,
a ver a la Virgen
y al Niño también,
que ha nacido el Niño
para nuestro bien.

58. Caminen, pastores, ¡caramba!

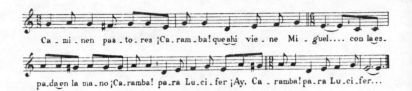

Caminen, pastores, ¡caramba!
que ahí viene Miguel
con la espada en la mano ¡caramba!
para Lucifer ¡ay caramba!
para Lucifer.

59. Naranjas y limas (a)

Naranjas y limas,
limas y limones;
más linda es la Virgen
que todas las flores.

En un portalito
de cal y de arena
nació Jesucristo
una Noche Buena.

Y a la media noche
el gallo cantó
y en su canto dijo:
—"Ya Cristo nació".

Salgan para afuera,
verán qué primores;
verán a la rama
cubierta de flores.

Salgan para afuera,
verán qué bonito;
verán a la rama
con sus farolitos.

Ya se va la rama
muy agradecida,
porque en esta casa
fue bien recibida.

Ya se va la rama
muy desconsolada,
porque en esta casa
no le dieron nada.

Vámonos, muchachos,
que ya son las nueve;
no venga la "julia"
y a todos nos lleve.

Dénme mi aguinaldo
si me lo han de dar;

que la noche es larga,
tenemos que andar.

Un grupo de muchachos lleva una rama de pino adornada con faroles y papel de china, recorre la población y de puerta en puerta canta, recibiendo de los habitantes regalos o dinero.

60. Naranjas y limas (b)

Los tres Reyes vienen to-dos del O-rien-te y le traen al Ni-ño su ri-co pre-sen-te.

Naranjas y limas,
limas y limones;
más linda es la Virgen
que todas las flores.

A la media noche
un rayo de luz

y una hermosa estrella
alumbró a Jesús.

Los Tres Reyes vienen
todos del Oriente,
y le traen al niño
un rico presente.

61. Naranjas y limas (c)

Na-ranjas y li-mas li-mas y li-mo-nes, más lin-da es la Vir-gen que to-das las flo-res.

Estribillo: Naranjas y limas,
limas y limones;
más linda es la Virgen
que todas las flores.

Ábranse estas puertas,
rómpanse estos quicios,
que a la media noche
ha nacido Cristo.

Estribillo: Naranjas y limas... (*etc.*)

65

Arriba del cielo
está un portalito
por donde se asoma
el Niño chiquito.

Estribillo: Naranjas y limas... (*etc.*)

Denme mi aguinaldo
si me lo han de dar,
que la noche es corta,
tenemos que andar.

Estribillo: Naranjas y limas... (*etc.*)

62. CANTOS PARA PEDIR Y DAR POSADA

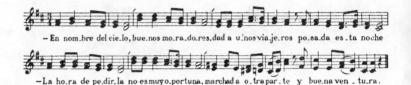

— En nom_bre del cie_lo, bue_nos mo_ra_do_res, dad a u_nos via_je_ros po_sa_da es_ta noche

—La ho_ra de pe_dir_la no es muy o_portuna, marchad a o_tra par_te y bue_na ven_tu_ra.

—En nombre del cielo,
buenos moradores,
dad a estos viajeros
posada esta noche.

—La hora de pedirla
no es muy oportuna;
marchad a otra parte
y buena ventura.

—Mi esposa padece,
por piedad os ruego,
que por esta noche
le deis el sosiego.

—Esta casa es nuestra,
no es de todo el mundo;

yo le abro a quien quiero
y abrirla no gusto.

—Mirad, mis amigos,
que es mi esposa amada,
la reina del cielo,
de la tierra gracia.

—Una reina tiene
soberbios palacios
y allí a toda hora
le abren sus vasallos.

—De Dios los vasallos
somos todos; luego,
abrid y que pase
la Madre del Verbo.

—Pase la Escogida,
la Niña dichosa;
el alma la alberga
que humilde la adora.

—Quisiera en su obsequio
hacer mil festines,
y el coro entonarle
de los querubines.

63. Esta sí que es Nòche Buena

Es-ta sí qu'es No-che Bue-na, No-che Bue-na, no-che de co-mer bu-ñue-los.

Esta sí que es Noche Buena, Noche Buena,
noche de comer buñuelos
y en mi casa no los hacen, no los hacen,
por falta de harina y huevo.

64. Mi mulita se perdió

Mi mu-li-ta se perdió... y la llo-ro con ra-zón, porqu'en e-lla le lle-va-ba al Ni-ño su co-la-cion

Mi mulita se perdió
y la lloro con razón,
porque en ella le llevaba
al Niño su colación.

COPLAS INFANTILES

COPLAS INFANTILES

65. Doña Tadea

Doña Tadea
reza el rosario
y a un relicario
mil besos da.

Pero murmura
con tanto celo,
que ángel del cielo
nunca será.

Estas coplillas las cantan las niñas imitando a las viejecitas re-

71

zanderas que entre rezo y rezo murmuran del prójimo. Las niñas ejecutan fielmente la escenificación de este episodio.

66. TE COMISTES EL PESCADO

Te co.mis.tes el pes.ca.do.... me de.jas.te las es.pi.nas...

... có.mo quie.res que te com.pre.... za.pa.tos de sue.la fi.na.....

Te *comistes* el pescado,
me dejaste las espinas,
¿cómo quieres que te compre
zapatos de seda fina?

Acostumbran los niños y niñas de los poblados rurales ponerse al oscurecer al frente de sus casas, en dos filas, una frente a otra y con movimientos oscilantes de avance y de retroceso, cantar en forma dialogada la copla anterior.

67. ¡AY, MAMÁ, MIRA A DON JOSÉ! (a)

—¡Ay, ma.má, mi.ra a don Jo.sé, quie.re que le can.te y yo no

sé Cán.ta.le, ni.ña, qué di.rá, qu'e.res or.gu.llo.sa y no te que.drá.

—¡Ay mamá, mira a don José!
Quiere que le cante y yo no sé.
—Cántale, niña, que dirá
que eres orgullosa y no te querrá.

En la misma forma que el anterior y en diálogo, cantando dos versos una fila y dos la otra.

68. Mire, madre, a don José (b)

—Mi - re, mi - re, madre a Don Jo - sé, quie-re que le can-te y yo no se.—Cán-ta-le, mu-
cha-cha, no ves que di - rá qu'e - res or - gu - llo - sa y a - sí no te que-drá.

—Mire, mire, madre,
a don José,
quiere que le cante
y yo no sé.

—Cántale, muchacha,
¿no ves que dirá
que eres orgullosa
y así no te quedrá.

69. Ahí vienen los monos

Ahí vie-nen los mo - nos de Cua-li-chandé el mo-no más gran-de se pa-re-ce a us-té.

Ahí vienen los monos
de Cualichandé
y el mono más grande
se parece a usted.

Ya vienen los monos,
vienen de Tepic
y el mono más grande
se parece a ti.

Baila la costilla,
baila el costillar;
con cuidado, chata,
no se vaya a caer.

Baila la costilla,
baila el costillar;
con cuidado, chata,
no se vaya a caer.

Los pequeñuelos reunidos y con diversos tocados policromos, bailan imitando las danzas de apaches y haciendo las evoluciones respectivas.

70. Somos indítaralas

So-mos in-dí-ta-ra-las mi-choa-ca-ní-ta-ra-las que nos pa-seá-mo-ro-lo por lo portal... vendiendo guáje-re-les y ji-ca-rí-ta-ra-las y flo-re-cí-ta-ra-las de tempo-ral...

Somos indítaralas
michoacanítaralas
que lo paseámorolo
por lo portal.

Vendiendo guájereles
y jicarítaralas

y florecítaralas
del temporal.

Árbol frondósorolo
de verde prádorolo
que yo he soñádorolo
y en mi niñez.

*Este canto lo entonan las niñas, sentadas en el suelo, formando
un cuadro, imitando a las personas adultas que lo entonan en las
danzas de guaris (doncellas) o en las "canacuas" (coronas), imitando con su algarabía una conversación muy animada.*

71. Christus A.B.C.

Andante (♩=80)

Je - sús, Je - sús y Cruz y lo que si-gue es A, A-mor con A se es-
cri - be sin él quién vi-vi-rá. Be - a = ba, ven-me a su-pli-car; be - e =
bé, yo no quiero a usted; be-i = bí, di-me por Dios que sí; be-o = bó, no me di-gas que
no; be-u = bú, el a-mor e-res tú.... Su-pe el a-be-ce-da-rio, co-men-
cé a de-le-tre-ar ya mi a-mor lo di-vier-to can-tan-do el ve-a-ene=van...

74

Jesús, Jesús y cruz
y lo que sigue es A.
Amor con A se escribe,
sin él, ¡quién vivirá!

Be-a-bá, venme a suplicar;
be-e-bé, yo no quiero a usted;
be-i-bí, dime por Dios que sí;

be-o-bó, no me digas que no;
be-u-bú, el amor eres tú.

Supe el abecedario,
comencé a deletrear
y a mi amor lo divierto
cantando el *ve-a-ene-van.*

72. VACALÍN, VACALÓN

Vacalín, vaca-lón, vacas vienen de Le-ón, to-das vienen en perca-da me-nos la va-ca morada.

Ten-go u-na cin-ta blan-ca pa-ra el ni-ño d'Es-pe-ran-za, ten-go u-na cin-t'a-zul

pa-ra el ni-ño de Je-sús, ten-go u-na cin-ta ne-gra pa-ra el ni-ño de mi suegra.

Vacalín, vacalón,
vacas vienen de León,
todas vienen en percada
menos la vaca morada.

Tengo una cinta blanca
para el niño de Esperanza.

Tengo una cinta azul
para el niño de Jesús.

Tengo una cinta negra
para el niño de mi suegra.

Vacalín, vacalón,
vacas vienen de León,
todas vienen en percada
menos la vaca morada.

*Puestos en hilera, niños y niñas se toman de la cintura, principian
a caminar hasta formar un círculo, al tiempo que cantan; al
concluir los tres dísticos deshacen el círculo y principian a caminar
en línea recta; al concluir de cantar la copla vuelven a formar el
círculo y así sucesivamente, con la circunstancia de que al finalizar
caminan en sentido inverso.*

73. La niña quiere piñones

La ni.ña quie.re pi.ño.nes... pi.ño.nes l'he.mos de dar..; si no le da.mos pi.

ño.nes... o.tra cosa no puede de.sear...La ni.ña quiere pi.ño.nes... pi.ño.nes l'hemos de

dar... pues anda, sube a la piña...y empié.za.los a cor.tar Tras,tras,tras,tras,tris,tris,tras.

Tus pi.ñones quebrarás, es.có.gelos, chiqui.ti.ta.que ya están cayendo más Tras,tras,tras,tras,tris,tris,tras.

La niña quiere piñones,
piñones le hemos de dar;
si no le damos piñones
otra cosa no puede desear.

La niña quiere piñones,
piñones le hemos de dar;
pues anda sube a la piña
y empiézalos a cortar.

Tras, tras, tras, tras,
tris, tris, tras.

Tus piñones quebrarás,
escógelos, chiquitita,
que ya están cayendo más.

Tras, tras, tras, tras,
tris, tris, tras.

Forman dos filas los que van a jugar, una frente a la otra, simplemente cogidos de las manos, cantan la copla moviendo las manos y ritmando el movimiento con el canto, al concluir cada fila avanzan tres pasos, retroceden otros tres y así sucesivamente hasta acabar de cantar el estribillo. Con la segunda estrofa se ejecuta el mismo proceso.

74. El nidito

Yo ten.go un ni.di.to de pá.ja.ros ne.gros, co.rran, mu.

cha.chos, va.mos a ver.los, ya es.ta.rán bue.nos pa.ra co.ger.los.

Yo tengo un nidito
de pájaros negros, *(bis)*
corran, muchachos,
vamos a verlos;
ya estarán buenos
para cogerlos.

*Se señala previamente por sorteo aquel que tiene que 'esconderse.
Tomados los niños de las manos y formando un círculo, van
dando vueltas y cantando animadamente; el que dirige el juego,
que está en el centro, corre en determinada dirección al concluir
la copla; todos corren tras él, y tratan de encontrar al escondido; el
que lo encuentre pasa a esconderse.*

75. EL COJO (a)

Soy co-jo de un pie y man.co de u.na mano, teng'o un o-jo tuerto y el o.tro apa.g'ado.

Soy cojo de un pie y
manco de una mano,
tengo un ojo tuerto
y el otro apagado.

*A ratos se fingen baldados y de la misma manera van dando
saltos en un solo pie.*

76. EL COJO (b)

Soy co-jo de un pie y no pue.do andar, so-lo al ver a us.ted sue-lo no co-jear.

Ahi vie-ne un co-jo por la ban.que.ta sa.can.do so-nes con la mu-le.ta.

Soy cojo de un pie   sólo al ver a usted
y no puedo andar,   suelo no cojear.

77

Ahí viene un cojo,   sacando sones
por la banqueta,   con la muleta.

*En forma humorística imitan los muchachos diversas formas
de cojera y aun provistos de muletas provisionales gustan de
cantar los versos.*

77. San Miguelito

San Mi - gue - li - to de To - lo - lo - tlán, da - me la ma - no que quie - ro brincar.

San Miguelito de Tololotlán,
dame la mano que quiero brincar;
San Miguelito de Tololotlán.
—Brinca, muchacho, que no te has de caer.

*Acostumbran los pequeñines mexicanos, siempre que pueden, es-
timularse a sí mismos brincando desde lugares más o menos ele-
vados.y piensan que invocando al Arcángel San Miguel no caerán,
y si esto ocurre, no se harán daño. Momentos antes de realizar el
brinco cantan la copla inserta.*

78. La rana

Sun y sun, can - ta - ba la ra - na; sun y sun, de - ba - jo del
a - gua; sun y sun, y tu - vo un hi - ji - to; sun y sun de la ma - ri - hua - na.

Sun y sun, cantaba la rana,
sun y sun, debajo del agua,
sun y sun, y tuvo un hijito,
sun y sun, de la marihuana.

*Durante la estación de lluvias, frecuentemente después de algún
aguacero y cuando la tarde ha quedado limpia y fresca, en los*

terrados o sobre la arena limpia de la calle cantan los chiquitines esta canción dando vueltas sobre sí mismos.

79. TOQUE MILITAR

Anda, mujer de Celso, vís..te..te prontoy vete a comprar una tri..pa de amargo para que Celso pueda tocar.

> Anda, mujer de Celso,
> vístete pronto, y vete a comprar
> una tripa de amargo *
> para que Celso pueda tocar.

Frecuentemente imitan los muchachos los toques de trompeta de los soldados y les aplican un texto convencional, regocijado o con sentido crítico. Marchan imitando a las tropas, y con la mano empuñada sobre la boca, imitan el clarín.

80. LA RETRETA

Don Juan quiere cenar... pa..pi..tas en pipián... ca..lí..llenlo, ca..líllenlo porque si no, se va...

> Don Juan quiere cenar
> papitas en pipián,
> calíllenlo, calíllenlo
> porque si no se va.

El toque anterior se ejecuta en los cuarteles por la noche, a la hora de la repartición del rancho a los soldados; los muchachos lo repiten cuando juegan a los militares.

* Cierta porción de alcohol contenida en un trozo de tripa de carnero, forma en que los soldados introducían la bebida en los cuarteles.

81. La cucaracha (a)

Ya mu-rió la cu-ca-ra-cha.... ya la lle-van a en-te-rrar.....

en-tre cua-tro zo-pi-lo-tes... y un ra-tón de sa-cris-tán......

Ya murió la cucaracha,
ya la llevan a enterrar
entre cuatro zopilotes
y un ratón de sacristán.

82. La tuza (b)

Ya la tu-sa se murió..., ya la llevan a enterrar, entre cuatro lagartijos y un gato de sacristén...

Ya la tuza se murió,
ya la llevan a enterrar
entre cuatro lagartijos
y un gato de sacristán.

Sirve esta copla cantada para finalizar el juego del Milano. Cuando éste ha muerto lo toman entre varios y lo cargan fingiendo que lo llevan a enterrar. Algunas veces va seguida del responso humorístico.

83. Responso humorístico

Muerto, si hubieras co-rrido, no te hubieran alcanzado; pe-ro co-mo no corriste, ahora te lle-van cargado.

Muerto, si hubieras corrido,
no te hubieran alcanzado;
pero como no corriste,
ahora te llevan cargado.

Toman a un muchacho de las manos y los pies y lo llevan cantando la salmodia anterior; en determinado momento lo ponen en el suelo y lo sueltan. Levantándose inmediatamente, va corriendo detrás de los demás; aquel a quien alcance tiene que hacer de muerto.

84. LOS PADRES DE SAN FRANCISCO

Los pa_dres de San Fran_cis _ co... sem_bra_ron un ca_mo_tal... ¡qué

pa_dres tan i _ no_cen_tes....! que ca_mo _ tes se han de dar.....

Los padres de San Francisco
sembraron un camotal.
¡Qué padres tan inocentes,
qué camotes se han de dar!

Cogidos de la mano, forman los chicos un círculo y girando rápidamente cantan al mismo tiempo que brincan.

85. EL ZOPILOTE (a)

Te lo di_je, zo_pi_lo_te, te lo vuelv_o a re_pe_tir que en la playa hay u_na va_ca que se acaba de mo.

rir. Brinca, Che _ pi _ to,y vuel_ve a brin_car, que ya tu brinqui_to me quie_re g'us_tar.

Te lo dije, zopilote,
te lo vuelvo a repetir,

81

en la playa hay una vaca
que se acaba de morir.

Brinca, Chepito,
y vuelve a brincar,
que ya tu brinquito
me quiere gustar.

*Sentados los niños en cuclillas y abrazándose las rodillas con las
manos van dando brinquitos imitando a ciertas aves. El juego
consiste en ver cuál de los chicos alcanza mayor distancia en cada
brinco, así como también la mayor longitud de recorrido. A cada
brinco van diciendo un verso de la estrofa, los versos del estribillo
permiten dar brincos más repetidos.*

86. EL CHOMBITO (b)

La chombita... se murió.... se murió de sarampión...y el chombito... la llo..raba...de..ba.

jo del   pa..be..llón...Brin..ca chombito y sigue brincando,que tus brinquitos me van gustando...

La chombita se murió,
se murió de sarampión,
y el chombito le lloraba
debajo del pabellón.

Brinca, chombito,
y sigue brincando,
que tus brinquitos
me van gustando.

Igual a lo del Zopilote.

87. Zamora, valiente

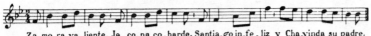

Za.mo.ra va.liente, Ja.co.na co.barde, Santia.go in.fe.liz y Cha.vinda su padre.

Zamora, valiente;
Jacona, cobarde;
Santiago,* infeliz;
y Chavinda, su padre.

Es copla para enaltecer los méritos de los chicos de Chavinda y deprimir a aquellos que sean nativos de otras poblaciones como las que se citan; esto da lugar a reyertas que tienen por objeto sublimar la masculinidad de los varoncitos.

88. La calavera (a)

Ca la.ve.ra, ve.te al mon.te con tu pa.loy tu ga.rro.te.

Calavera, vete al monte
con tu palo y tu garrote.

Entre los cantarcillos de los muchachos aparece éste que suelen usar como sátira cuando ven a algún compañero enclenque y enflaquecido.

89. La calavera (b)

-Ca la.ve.ra, ve.te al mon.te -No, se.ño.ra, por.qués pan.to -Pues ¿a dón.de quie.res ir.te? -Yo, se.ño.ral cam.po.san.to.

* Santiago Tangamandapio, de Zamora, Mich.

—Calavera, vete al monte.
—No, señora, porque espanto.
—Pues ¿a dónde quieres irte?
—Yo, señora, al camposanto.

90. YA TE VIDE, CALAVERA (c)

Ya te vide calavera,
con un diente y una muela,
saltando como una pulga
que tiene barriga llena.

De la misma índole que el anterior, este cantar es usado en forma
humorística entre muchachos para hacerse burla entre sí; pero
también lo utilizan para ir brincando por la calle.

91. LA MEDIA MUERTE (a)

a) **Estaba la Media Muerte**
   sentada en un carrizal
   comiendo tortilla dura
   para poder engordar.

b) **Estaba la Media Muerte**
   sentada en un taburete,
   los muchachos, de traviesos,
   le tumbaron el bonete.

84

Es-ta-ba la Muer-te un dí-a sen-ta-da en un ta-bu-

re-te... los mu-cha-chos de tra-vie-sos, le tum-ba-ron el bo-ne-te....

c) Estaba la Media Muerte
   sentada en un tecomate,
   diciéndole a los muchachos:
   —Vengan, beban chocolate.

d) Estaba la Muerte seca
   sentada en un carrizal
   comiendo tortilla dura
   y frijolitos sin sal,
   sin sal, sin sal...

Las coplas anteriores las utilizan los muchachos para divertirse satirizándose entre sí; al son de ellas brincan y giran alrededor de aquel que consideran la Media Muerte, al que le tiran de la ropa, le tocan con varitas o simplemente bailan alrededor de él.

92. Estaba la Muerte un día... (b)

Es-ta-ba la Muer-te un dí-a sen-ta-da en un a-re-nal co-

mien-do tor-ti-lla frí-a pa' ver si po-día en-gor-dar.

Estaba la Muerte un día
sentada en un arenal,
comiendo tortilla fría
pa'ver si podía engordar.

Estaba la Muerte seca
sentada en un muladar
comiendo tortilla dura
pa'ver si podía engordar.

85

MUÑEIRAS

MUÑEIRAS

93. TANTO BAILÉ CON LA MOZA DEL CURA (a)

Tan.to bai.lé con la mo.za del cu _ ra, tan.to bai.lé que me dió ca.len. tu.ra

TANTO bailé con la moza del cura,
tanto bailé que me dio calentura.

Tanto bailé con la gaita gallega,
tanto bailé que me casé con ella.

—Toca la gaita, Domingo Ferreiro;
toca la gaita. —Nun queiro, nun queiro.

*Los muchachos, los brazos en alto, bailan en círculo, formando
hilera, es decir, uno detrás de otro, brincando ya en un pie, ya*

89

en otro, *alrededor de una niña colocada en el centro. Cuando este baile se hace en tiempo de posadas o de Navidad, giran alrededor de la piñata, que pende del techo.*

94. De Navidad (b)

Tan_to bai_lé con la mo_za del cu_ra, tan_to bai_lé que me dió ca_len_tu_ra.

Tanto bailé con la moza del cura
tanto bailé que me dio calentura.

Tanto bailé con la moza del juez,
tanto bailé que me duelen los pies.

95. Tanto bailé con la hija del cura (c)

Tan_to bai_lé con la hi_ja del cu_ra, tan_to bai_lé que me dió ca_len_tu_ra.

Tanto bailé con la hija del cura,
tanto bailé que me dio calentura.

Tanto bailé con la garza morena,
tanto bailé, que me enamoré de ella.

96. La patera (d)

Yo soy la pa_te_ra que viene a ro_gar el pa_to co_ci_do que ayer fui'agu_rrar. rrar.

Yo soy la patera
que viene a rogar

el pato cocido
que ayer fui a agarrar.

(Entre estas muñeiras deben considerarse incluidos los ejemplos musicales Núms. 25, 30, 31, 32, 33, 39-a, 40-b, 40-c, 53, 56, 74, 77, 111 y 147.)

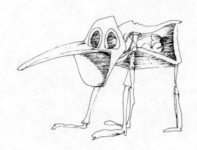

JUEGOS INFANTILES

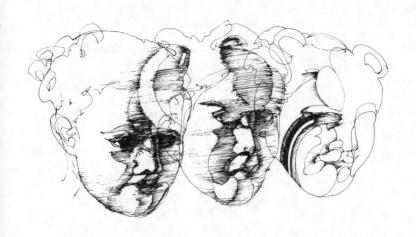

JUEGOS INFANTILES

97. UNA LO-RI-TÉ

U _ na lo _ ri _ té, ca _ lo _ ré men _ hué, ca _ lo _ re _ te zumbe _ le _ te, u _ na lo _ ri _ té.

UNA lo-ri-té
ca-lo-ré men-hué,
calo-rete zumbe-lete,
una lo-ri-té.

Puestos en círculo aquellos que se van a sortear, el sorteador va señalando uno por uno de los sorteados; al que le toca la última sílaba, ése sale y queda libre; así, hasta que sólo queda uno; ése tendrá que hacer el papel desagradable que señala el juego.

98. Un gato cayó en un plato

Un gato cayó en un plato sus tripas se hi-cie-ron pan; a-rre pote po-te pote, arre po-te pote pan.

Un gato cayó en un plato
sus tripas se hicieron pan,
arrepote pote pote,
arrepote pote pan.

99. Al don dón

Al don-dón de la di-na di-na dan-za, ay, que rui-do, ay que rui-do se oyen en

Francia; ay que re-te-plé, ay que re-chu-lé, al don-dón que sal-ga usted.

Al dondón
de la dina, dina, danza;
ay qué ruido,
ay qué ruido se oye en Francia.

¡Ay qué reteplé!
¡Ay qué rechulé!
Al dondón
que salga usted.

El director del juego se pone al frente de los demás niños puestos en fila, cogidos de las manos. Al iniciarse el canto y ritmando con el verso, la fila completa dará tres pasos largos al frente y retrocederá a su sitio primitivo con pasitos cortos. Al decir la coplilla siguiente el director zapatea con los dos primeros versos y en seguida señala al que ha de salir al frente a repetir lo que hizo la fila toda.

100. Caballito blanco (ronda) (a)

(♩=92)

Ca-ba-lli-to blanco sá-ca-me de aquí... llé-va-me a mi pueblo don-de yo na-cí...

96

Caballito blanco,
sácame de aquí,
llévame a mi pueblo,
donde yo nací.

—Tengo, tengo, tengo...
—Tú no tienes nada.

—Tengo tres borregas
en una manada;
una me da leche,
otra me da lana,
y otra mantequilla
para la semana.

Es un juego bien sencillo en el cual niños o niñas, formando un círculo, giran indefinidamente mientras cantan las anteriores estrofas.

101. ME SUBÍ A UNA VACA (b)

Me subí a una vaca me dijo el vaquero:—Un niño chiquito no paga dinero.

Me subí a una vaca,
me dijo el vaquero:
—La niña bonita
no paga dinero.

—Me volví a subir,
me volvió a decir:
—La niña bonita
no paga dinero.

(Estos dos ejemplos derivan de la lírica infantil asturiana.)

102. ANDÁNDOME YO PASEANDO... (a)

Andándome yo paseando por los callejones... m'encontré una gata cazando ratones...

unos eran cojos, cojitos de un pie y aquí tiene usted. Lara, la ra, la ra la...

Andándome yo paseando
por los callejones
me encontré una gata
cazando ratones,

unos sin orejas,
otros orejones,
unos sin bigote
y otros muy barbones,

97

unos sin colita
y otros muy colones,
unos sin hocico
y otros hocicones,

unos eran cojos,
cojitos de un pie
y aquí tiene usted
lara, lara, laralá.

102. LOS VEINTE RATONES (b)

Arriba y abajo
por los callejones
pasa una ratita
con veinte ratones,
unos sin colita
y otros muy colones,
unos sin orejas
y otros orejones,

unos sin patitas
y otros muy patones,
unos sin ojitos
y otros muy ojones,
unos sin narices
y otros narigones,
unos sin chipito *
y otros muy chipones...

103. DE MÉXICO HA VENIDO

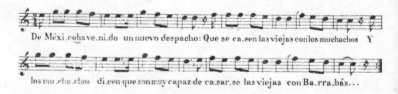

De Méxi-co ha ve-ni-do un nuevo despacho: Que se ca-sen las viejas con los muchachos Y

los mu-cha-chos di-cen que son muy capaz de ca-sar-se las viejas con Ba-rra-bás...

De México ha venido
un nuevo despacho:
que se casen las viejas
con los muchachos.

Y Barrabás les dice
que no puede ser,
que se casen, las viejas
con Lucifer.

Y los muchachos dicen
que son muy capaz
de casarse las viejas
con Barrabás.

Y Lucifer les dice,
con mil retobos,
que se vayan las viejas
con mil demonios.

* Hociquito.

104. La huerfanita

Pobrecita huerfanita,
sin su padre y sin su madre,
la echaremos a la calle
a llorar su desventura,
desventura, desventura,
carretón de la basura.

Cuando yo tenía a mis padres
me vestían de oro y plata,
y ahora que ya no los tengo,
me visten de hojadelata.

Cuando yo tenía a mis padres
me daban mi chocolate,
y ahora que ya no los tengo,
me dan agua del metate.

Cuando yo tenía a mis padres
me daban chocolatito,
y ahora que ya no los tengo
me dan gordas con chilito.

Elegida por sorteo la niña que ha de hacer de huerfanita, se coloca en el centro del círculo formado por las demás, todas cogidas de las manos y girando lentamente. Cantan entonces la primera estrofa. La segunda y las siguientes, siempre alternadas con la primera, las canta la huerfanita.

105. Chabela

Chabela se cayó,
del susto que llevó
la sangre derramó

tachún, tachún,
tachún, tachún, tachún.

*Este juego de niñas consiste en ir brincando y avanzando en zig-zag
por medio de pequeños saltos en los que alternan los acentos ya
en el pie derecho, ya en el izquierdo; de esta manera y repitiendo
la copla, van avanzando, desplazándose ya a un lado, ya a otro; al
llegar a la palabra* tachún *las parejas se ponen frente a frente y
a cada repetición, con los pies juntos, dan un flanco a la derecha
de cada una, primero, a la izquierda después; en la última ocasión
quedan frente a frente y el juego vuelve a empezar.*

106. La paloma azul

La pa.lo.ma a zul que del cie_lo ba.jó con sus a.las do_radas y en el pi.co u_na

flor; de la flor u_na li_ma, de la li.ma un li_món, va.le más mi mo_re na que los ra.yos del sol.

   Coro: La paloma azul
     que del cielo bajó
     con las alas doradas
     y en el pico una flor,
     de la flor una lima,
     de la lima un limón,
     vale más mi morena
     que los rayos del sol.

 La paloma: Y a los titiriteros
     si me pagan la entrada,
     yo te amo y te quiero
     y me muero por ti.

*Es juego de niñas y se ejecuta formando un círculo que gira, en
cuyo centro se coloca la niña que hace de paloma azul, que ha
sido sorteada previamente. Durante la 1ª estrofa las niñas, cogidas
de la mano giran, al empezar la 2ª se detienen y, mientras, la*

que hace de paloma azul, canta, y elige a una del círculo a la cual
abraza y tiene que sustituir a la paloma.

107. LAS CÁSCARAS DE HUEVO

Que rue.de que ruede la cás.ca.ra de huevo las plan.cha_do_ras ha.cen a _ sí.

Que rueden, que rueden,
las cáscaras de huevo:
las lavanderas hacen así,
las planchadoras hacen así,
las barrenderas hacen así... (*etc.*)

Este juego es de imitación de oficios y lo ejecutan las niñas re-
produciendo los movimientos característicos de las gentes mayores
a quienes tratan de imitar; como todos ellos son familiares y bien
conocidos de la chiquillería, la gracia consiste en imitar el mayor
número de ocupaciones femeninas.

108. DON PIRULÍ

Don Pi . ru _ lí. a la bue.na, bue.na. bue.na: a _ sí, a _ sí, a _ sí; a.

sí las plan.cha.do . ras. a _ sí, a _ sí, a _ sí; a _ sí nos gus.ta más.

Don Pirulí
a la buena, buena, buena,
así, así, así,
así las planchadoras;
así, así, así,
así nos gusta más.

Don Pirulí
a la buena, buena, buena,

así, así, así,
así las barrenderas;
así, así, así,
así nos gusta más.

Don Pirulí
a la buena, buena, buena,
así, así, así,
así las bordadoras;

así, así, así,
así nos gusta más.

así, así, así,
así las tejedoras;
así, así, así,
así nos gusta más.

Don Pirulí
a la buena, buena, buena,

De este modo se siguen imitando diferentes oficios de mujeres.

109. Santo Domingo

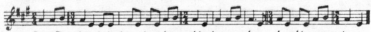

Santo Do . mingo de la buena buena buena vida; hacen a sí, a . sí a sí los pana . de . ros.

Santo Domingo
de la buena, buena, buena vida,
hacen así,
así, así los panaderos.

Santo Domingo
de la buena, buena, buena vida,
hacen así,
así, así los leñadores.

Santo Domingo
de la buena, buena, buena vida,
hacen así,
así, así los carpinteros.

Santo Domingo
de la buena, buena, buena vida,
hacen así,
así, así los zapateros.

Santo Domingo
de la buena, buena, buena vida,
hacen así,
así, así los herradores.

...... los ebanistas.
...... los tintoreros.
...... los impresores.

Al cantar cada estrofa los niños van imitando los movimientos característicos de cada oficio, lo más fielmente que pueden.

110. Las cortinas

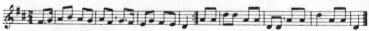

Las cortinas de mi alcoba son de terciope . lo azul. Broche de oro para el moro broche a . zul pa . ra . tí.

Las cortinas de mi alcoba
son de terciopelo azul,
y entre cortina y cortina
se pasea un andaluz.
   Broche de oro
   para el moro,

broche de plata
para la infanta,
broche de cobre
para los pobres,
broche azul
que te vuelvas tú.

Puestas en círculo las niñas, cogidas de la mano, haciendo movimientos de avance y retroceso y teniendo en el centro a otra designada mediante sorteo, cantan las estrofas anteriores; al decir el último verso señala a una del círculo, la cual tiene que volverse de espaldas, quedando con la cara hacia afuera. Se vuelve a empezar el canto y se van volteando sucesivamente las niñas, una por una, hacia el exterior del círculo, hasta que todas quedan de este modo.

111. Nana Caliche

Na-na Ca-li-che no sa-le de ca-sa por-que los po-llos le co-men la ma-sa.

Nana Caliche no sale de casa,

porque los pollos le comen
   [la masa,

Nana Caliche no sale al
   [sermón,
porque su perro le come
   [el turrón.

Nana Caliche no sale al
   [mandado,
porque su cerdo le come
   [el salvado.

Nana Caliche no sale
   [al rosario,
porque su gato le come
   [el canario.

Esto lo cantan los niños, tomados de las manos y puestos en fila, brincando en un pie.

Nota de Gabriel Saldívar:

Nana Caliche es una viejecita que manda a sus hijas al mercado a comprar distintas cosas; a una le encarga un centavo de sal, a otra, cinco de arroz, a la de más allá tres de frijol, etc., quedándose una niña a hacer compañía a Nana Caliche, a quien le hace cuantas travesuras puede. Al momento regresan las demás y cada quien va respondiendo lo que quiere, al interrogarla Nana Caliche dónde dejó su encargo; así una dice: "el arroz lo tiré en la azotea"; otra: "el maíz lo eché a los pollos"; otra: "la manteca se me derritió con el sol"; lo que hace enojar a Nana Caliche y entonces le cantan: "Nana Caliche no sale de casa, porque los pollos le comen la masa." Esto lo hacen brincando alrededor de la viejecita, estando prestas para correr, pues quien sea alcanzada es castigada por Nana Caliche.

112. LA MUÑEQUITA

Ten-go u-na mu-ñe-ca ves-ti-da de a-zul, con sus za-pa-ti-tos y su ca-mi-són.

Tengo una muñeca
vestida de azul,
con sus zapatitos
y su camisón.

La llevé a la plaza,
se me constipó,
y al llegar a casa
la niña murió.

Brinca la tablita,
yo ya la brinqué,
bríncala otra vuelta,
yo ya me cansé.

Dos y dos son cuatro,
cuatro y dos son seis,
seis y dos son ocho,
y ocho dieciséis,
y ocho veinticuatro,
y ocho treinta y dos,
ánimas benditas
me arrodillo yo.

Puestas en fila las niñas que toman parte en el juego, pero sin tomarse de las manos, accionan ceremoniosamente como personas adultas durante las dos primeras estrofas; al llegar a la tercera, cuarta y quinta, cada dos versos dan un pequeño salto con los pies juntos, alternando hacia adelante y hacia atrás, y al concluir el último verso quedan arrodilladas, se levantan y vuelven a empezar si así lo desean.

113. LA PÁJARA PINTA

Es_ta_ba la pá_ja_ra pin_ta sen_ta_di_ta en su verde li_món.., con el pi_co re_co_ge las flo_ res, con las a_las recoge el a_mor. ¡Ay, sí, cuándo la veré yo! ¡Ay, sí, cuándo la veré yo...!

Estaba la pájara pinta
sentadita en el verde limón,
con el pico recoge la hoja,
con las alas recoge la flor.

¡Ay, sí! ¿Cuándo la veré yo?
¡Ay, sí! ¿Cuándo la veré yo?

Me arrodillo a los pies de
[mi amante,
fiel y constante,
dame una mano,
dame la otra,
dame un besito
que sea de tu boca.

Formando un círculo de niñas, cogidas de la mano, gira alrededor de otra que está en el centro, que es la pájara pinta. La última estrofa la dice ésta y ejecuta lo que el texto indica, delante de aquella niña que escogiera a fin de que la sustituya.

114. EL CONEJO

En la cueva hay un co_ne_jo y el co_ne_jo no está aquí, ha sa_li_do esta ma_ñana y a las do_ce ha de ve_ nir y a_quí es_tá el co_ne_jo ya quí es_tá... y aquí es_tá el co_ne_jo ya quí es_tá. Lindo co_ne_jo Es_pe_ran_za ya quí es_tá su re_ve_ren_cia y be_sa_ rá a la ni_ña ya la ni_ña y be_sa_rá a la ni_ña que quie_ra más.

En la cueva hay un conejo
y el conejo no está aquí,

105

ha salido esta mañana
y a las doce ha de venir.

Y aquí está el conejo y aquí está, *(entra el conejo)*
y aquí está el conejo y aquí está.

Lindo conejo Esperanza,
y aquí está su reverencia. *(Todas se inclinan)*

Y besará a la niña y a la niña,
y besará a la niña que quiera más. *(La besa)*

Es juego de niñas. Forman un círculo y cantan la primera estrofa mientras el conejo está escondido. Mientras cantan la segunda, aparece el conejo y se coloca en el centro del corro; durante la tercera estrofa las niñas del círculo, soltándose las manos y cogiéndose la falda le hacen una caravana; entre tanto, el conejo elige a la que ha de besar, lo hace y la niña besada tiene que irse a esconder y sustituye al conejo.

115. La viudita

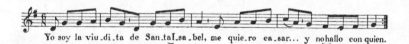

Yo soy la viu_di_ta de San_tal_sa_bel, me quie_ro ca_sar... y nohallo con quien.

Yo soy la viudita
de Santa Isabel,
me quiero casar
y no hallo con quién.

El mozo del cura
me manda un papel
y yo le contesto
con otro muy fiel.

Mi madre lo supo.
¡Qué palos me dio!
¡Malhaya sea el hombre
que me enamoró!

Pasé por su casa
y estaba llorando,
con un pañuelito
se estaba secando.

Me gusta la leche,
me gusta el café;
pero más me gustan
los ojos de usted.

Me gusta el dinero,
me gusta el tabaco;
pero más me gustan
los ojos del gato.

106

Forman los chicos un corro en cuyo centro se coloca aquel o aque-
lla que hace de viudita, la cual finge llorar; el círculo principia
a girar, cantando las primeras estancias; las dos últimas las canta la
viudita para elegir a aquel que ha de sustituirla, aunque propia-
mente la última es en tono jocoso; corresponde al antiguo juego
griego llamado "El corro de los besos", citado por Pólux.

116. San Serafín

San Se_ra_fín del Monte, San Se_ra_fín cor_dero, yo, co_mo buencristia_no,me sentaré.

San Serafín del Monte,
San Serafín cordero,
yo, como buen cristiano,
me hincaré. *(Lo hace.)*

San Serafín del Monte,
San Serafín cordero,
yo, como buen cristiano,
me sentaré. *(Lo hace.)*

San Serafín del Monte,
San Serafín cordero,
yo, como buen cristiano,
me sentaré. *(Lo hace.)*

San Serafín del Monte,
San Serafín cordero,
yo, como buen cristiano,
me hincaré. *(Lo hace.)*

San Serafín del Monte,
San Serafín cordero,
yo, como buen cristiano,
me acostaré. *(Lo hace.)*

San Serafín del Monte,
San Serafín cordero,
yo, como buen cristiano,
me pararé. *(Lo hace.)*

La forma de realizar este juego es arbitraria; la más frecuente
consiste en ponerse los niños en semicírculo, en cuyo centro está
el director; todos reproducen los movimientos que éste hace, uno
por uno, como queda indicado.

117. María Blanca (a)

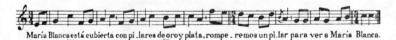

María Blanca está cubierta con pi_lares de oro y plata, rompe_remos un pi_lar para ver a María Blanca.

Todos: —María Blanca está cubierta
con pilares de oro y plata,

Jicotillo: —Romperemos un pilar
para ver a María Blanca.

Todos: —¿Quién es ese jicotillo
que anda en pos de María Blanca?

Jicotillo: —Yo soy ése, yo soy ése
que anda en pos de María Blanca.

A continuación se desarrolla el diálogo siguiente; mientras, la niña que hace de María Blanca está en medio del círculo, fingiendo que hace oración, de rodillas:

Jicotillo: —¿Dónde está María Blanca?
Todos: —Está haciendo oración.
—¿Para quién?
—Para Dios.
—¿Y para mí?
—Para usted un cuerno bien retorcido.

Entonces el jicotillo trata de romper el círculo, forzando las manos en distintos lugares, y empujando hacia adentro, pregunta:

—¿De qué es este pilar?
—De oro.
—¿Y éste?
—De plata.

Y así sucesivamente le contestan que de mármol, de hierro, de plomo, de yeso, de ladrillo, de cera, de popote; entonces se rompe el círculo y penetra en él, mientras María Blanca huye protegida por los demás, que le cierran el paso al jicotillo. Cuando logra alcanzar a María Blanca dice:

—Póngase al lado del sol.

A la siguiente niña, que hizo de María Blanca, le dice:

108

—Póngase del lado de la sombra.

Y así sucesivamente hasta que quedan muy pocas niñas en el círculo.

118. DOÑA BLANCA (b)

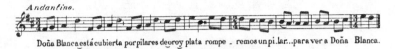

Doña Blanca está cubierta por pilares de oro y plata rompe _ remos un pi.lar...para ver a Doña Blanca.

> *Todos:* —Doña Blanca está cubierta
> con pilares de oro y plata,
> *Jicotillo:* —Romperemos un pilar
> para ver a doña Blanca.
> *Todos:* —¿Quién es ese jicotillo
> que anda en pos de doña Blanca?
> *Jicotillo:* —Yo soy ese jicotillo
> que anda en pos de doña Blanca.

En el centro de un círculo formado por niños cogidos de la mano está doña Blanca, mientras por fuera de él, anda rondando un niño que imita a un jicote, zumbando con la boca. Al llegar a esta parte del juego se establece el siguiente diálogo entre los del círculo y el jicotillo.

> *Jicotillo:* —¿Dónde está doña Blanca?
> *Todos:* —Se fue a misa.
> *Jicotillo:* —¡Malhaya sea su camisa!
> *(Se va y regresa)*

> —¿Dónde está doña Blanca?
> —Se fue a la plaza.
> —¡Malhaya sea su calabaza!
> *(Se va, vuelve y pregunta de nuevo.)*

> —¿Dónde está doña Blanca?
> —Se fue al cerro.
> —¡Malhaya sea su becerro!
> *(Se vuelve a ir y regresa.)*

—¿Dónde está doña Blanca?
—Ya llegó.

*Entonces empieza a forzar las manos de los que forman el círculo
y empuja hacia adentro en distintos lugares:*

—¿De qué es este pilar?
—De oro.
—¿De qué es este pilar?
—De plata.

Y así sucesivamente como en el juego anterior.

119. DOÑA BLANCA (c)

Doña Blanca está cubierta con pilares de oro y plata, quita_re_mos un pi_lar para ver a Do_ña Blanca.

Doña Blanca está cubierta
con pilares de oro y plata,
quitaremos un pilar
para ver a doña Blanca.

120. MARÍA LA PASTORA (a)

Es_ta_ba la pastora... lairón,lairón,lairi_to...Ma_rí_a la pasto_ra... ma_tó a su bi_chito...

Estaba la pastora
lairón, lairón, lairito,
María la pastora
mató a su bichito.

Se fue a confesar
con el padre Cerezo.

—De penitencia mando,
mando hacer un queso.

Con leche de sus cabras
mandó hacer un queso,
—De penitencia mando
que a mí me des un beso.

*Formadas las niñas en círculo queda colocada en el centro aquella
que hace de pastora. Durante la primera estrofa, el círculo gira,*

110

tomadas todas las niñas por las manos; en la 2ª la pastora se arrodilla delante de una y el círculo se detiene; durante la 3ª se levanta la pastora y besa a aquella que eligió como confesor, la cual pasa a ocupar el lugar de la pastora.

121. María la pastora (b)

Ma_rí_a la pas_tora ma_tó a su mi_chito, Ma_rí_a la pas_tora lai_rón lairón lairi_to.

Estaba la pastora
cuidando al ganadito,
estaba la pastora,
lairón, lairón, lairito.

Con leche de sus cabras
mandó hacer un quesito,
con leche de sus cabras,
lairón, lairón, lairito.

Se durmió la pastora,
comió el queso el gatito,
se durmió la pastora,
lairón, lairón, lairito.

La pastora enojada
mató a su gatito,

la pastora enojada,
lairón, lairón, lairito.

Después, arrepentida,
se fue a confesar,
después, arrepentida,
lairón, lairón, lairito.

Se fue a confesar
con el padre Francisco,
se fue a confesar,
lairón, lairón, lairito.

Le dio de penitencia
que rezara un credito,
le dio de penitencia,
lairón, lairón, lairito.

El desarrollo de este juego es muy semejante al anterior.

122. María la pastora (c)

Un dí_a u_na pasto_ra, la_rán larán la_ri_to   Un dí_a u_na pas_to_ra ma_tó a su ga_ti_to.

Un día una pastora,
larán, larán, larito, *(bis)*

con leche de sus cabras
mandó hacer un quesito. *(bis)*

Un día una pastora,
larán, larán, larito, *(bis)*
un día una pastora
mató a su gatito. *(bis)*

A vos me acuso, padre,
larán, larán, larito, *(bis)*
a vos me acuso, padre,
que maté a mi gatito. *(bis)*

Y se fue a confesar,
larán, larán, larito, *(bis)*
y se fue a confesar
con el padre Gilito. *(bis)*

En penitencia os mando,
larán, larán, larito, *(bis)*
en penitencia os mando
que me des un besito. *(bis)*

En esencia es semejante a los dos juegos anteriores.

123. LA PASTORA (d)

Es-ta-ba la pastora.., la.rón,larón,la.rito... es.taba la pastora... cui.dando su chi.vi.to...

Estaba la pastora,
larón, larón, larito;
estaba la pastora
cuidando su chivito.

Con leche de sus cabras,
larón, larón, larito;
con leche de sus cabras
mandó hacer un quesito.

El gato atolondrado,
larón, larón, larito;
el gato atolondrado
se comió el quesito.

La pastora enojada,
larón, larón, larito;

la pastora enojada
mató a su bichito.

Se fue a confesar,
larón, larón, larito;
se fue a confesar
con un periquito.

—A vos me acuso, padre,
larón, larón, larito;
a vos me acuso, padre,
que maté a mi bichito.

—De penitencia te echo,
larón, larón, larito;
de penitencia te echo
que te lo comas frito.

124. Naranja dulce (a)

Na.ran.ja dul.ce, li . món par ti .do. da . meun a . bra.zo que yo te pi . do.

Naranja dulce
limón partido,
dame un abrazo
que yo te pido.

Si fueran falsos
tus juramentos

en otros tiempos
se olvidarán.

Toca la marcha,
mi pecho llora,
adiós señora,
yo ya me voy.

Es juego de niñas. Se colocan en círculo cogidas de las manos y giran alrededor de otra que está en el centro, que representa a un joven que marcha al servicio militar obligatorio. El círculo gira durante la primera estrofa; durante la segunda se detiene y la niña del centro elige a otra del círculo, a la cual da un abrazo, y tiene que pasar al centro mientras la otra sale fuera de dicho círculo. Entre tanto se canta la tercera estrofa. Así se continúa hasta que sólo quedan dos niñas formando el círculo.

125. La muerte (b)

Na.ranja dulce, limón sil .vestre dile a mi amado que me conteste.

Naranja dulce,
limón celeste,
dile a María
que no se acueste.

María, María,
ya se acostó,
vino la muerte
y se la llevó.

Naranja dulce,
limón silvestre,
dile a mi amada
que me conteste.

María, María,
no contestó,
vino la muerte
y se la llevó.

La muerte, que es una niña del centro, coge a cualquiera y pasa a ser a su vez la muerte.

126. A Madrú, señores

A ma.drú, se. ño. res, vengo de la Ha. ba. na, de cor.tar madroños pa.ra do. ña Jua.na;
y después la vuelta con su re.ve. rencia. Tan, tan. –¿Quién toca la puerta? –Tan, tan, –Si será la muerte.

Primeramente se sortea quién de los niños o niñas ha de hacer de muerte. Ésta se coloca en el centro del círculo, formado por todos los demás. Mientras se canta el texto se va ejecutando lo que éste indica:

A Madrú, señores,
vengo de La Habana,
de cortar madroños
para doña Juana;
la mano derecha
    (dan la mano a la compañera
    de ese lado)
y después la izquierda
    (dan la mano a la compañera
    de ese lado)
y después de lado
    (se inclinan a la derecha)
y después costado
    (se inclinan a la izquierda)
y después la vuelta
    (giran)
con su reverencia.
    (la hacen).

—¡Tan, tán!
—¿Quién toca la puerta?
—¡Tan, tán!
—Si será la muerte.
—¡Tan, tán!
—Yo no salgo a abrir.
—¡Tan, tán!
—Si vendrá por mí.

114

En este momento se dispersan todas las que forman el círculo y si el local no es muy grande y no pueden correr, entonces se ponen en cuclillas y aquella a la que haya podido alcanzar la muerte o que haya tocado antes de estar sentada, pasa al centro a ocupar el lugar, y vuelve a empezar el juego.

127. Que llueva, que llueva

Que llue-va, que llueva, la Vir-gen de la Cueva, los pa-ja-ri-llos cantan, la lu-na se le-

vanta; que sí, que no, que cai-ga un cha-pa-rrón; que sí, que no, le canta el la-brador.

Que llueva, que llueva,	que sí, que no,
la Virgen de la Cueva,	que caiga un chaparrón;
los pajaritos cantan,	que sí, que no,
[la nube] la luna se levanta;	le canta el labrador.

Es corro generalmente de niños y lo utilizan en el verano imitando a los mayores que ejecutan rogativas a fin de que llueva y se mitigue el calor. Los chiquitines cantan en círculos que giran con las caras levantadas hacia el cielo, como invocando la lluvia.

128. A la rueda de San Miguel

A la rue-da de San Mi-guel, to-dos tra-en su ca-ja de

miel. A lo ma-du-ro, a lo ma-du-ro, que se vol-tee fu-la-no de burro...

A la rueda de San Miguel
todos traen su caja de miel.
A lo maduro, a lo maduro,
que se voltee (fulano) de burro.

115

Es juego de muchachos y se ejecuta formando un círculo en que todos están cogidos de la mano efectuando movimientos que estrechan y ensanchan el círculo. Al concluir la estrofa señalan a uno de los jugadores, el cual tiene que quedar con el rostro hacia fuera del círculo. De este modo continúa el juego hasta que todos han quedado vueltos. El juego concluye golpeándose todos los jugadores con las asentaderas, sin soltarse de las manos.

129. AVENA

A_ve_na a_ve_na a_ve_na nos trae la prima_vera,   mi pa_pa_ci_to la siembra así.

se descansa a vez a_sí aa vez a_sí;   sue_nen las ma_nos, suenen los pies.

Avena, avena, avena
nos trae la primavera;
avena, avena, avena
nos trae la primavera:

Colocados en círculo todos los que participan en este juego, los cuales han de ser en número impar, cantan la estrofa anterior cogidos de las manos, después van imitando sucesivamente lo que el verso indica:

Mi papacito la siembra así: (*bis*)

Hacen ademán de esparcir la semilla y continúan cantando:

Se descansa a vez así
a vez así.
Suenen las manos,
suenen los pies,
demos la vuelta
con rapidez.

Vuelve a empezar el canto:

Avena, avena, avena, *(etc.)*
Mi papacito la corta así... *(bis)*

*Hacen ademán de segar con guadaña. Y así sucesivamente van
repitiendo:*

Mi papacito la amarra así...
Mi papacito la trilla así... *(etc.)*

Y para finalizar se dice lo siguiente:

Cuando las palomitas
llegan al agua,
abren el piquito
y tienden las alas.

Limón partido,
y azucarado,
dame un abrazo
muy apretado.

*En este momento se abrazan indistintamente, formando parejas de
manera que siempre queda uno solo, que tiene que ocupar el centro
del círculo al repetirse el juego.*

130. LA VÍBORA DE LA MAR (a)

A la víbora, víbora
de la mar, de la mar,
por aquí van a pasar.

Siete niñas pasarán,
siete niñas de Alcorán,

117

la de adelante corre mucho
la de atrás se quedará,
tras, tras, tras.

131. A LA VÍBORA... (b)

A la ví - bo_ra, ví_bo_ra de la mar, de la mar por aquí se ve pasar u_na ni_ña ¿Cual se.

rá, la dea_de_lanteo la deatrás? la dea_delan te co_rre mucho, la dea_trás sequeda_rá.

A la víbora, víbora de la mar, de la mar,
por aquí se ve pasar
una niña, ¿cuál será
la de adelante o la de atrás?
La de adelante corre mucho,
la de atrás se quedará.
—¿Con quién te quieres ir?
—¿Con melón o con sandía?

*Dos niñas mayorcitas se colocan de frente con las manos enlaza-
das y los brazos en alto, formando un arco, una de ellas es melón
y la otra es sandía. Las demás niñas forman una hilera que va
pasando por debajo del arco y a cada vuelta, al pasar la última,
las que forman la puerta bajan las manos y la separan, pregun-
tándole: —¿Con quién te vas, con melón o con sandía? La niña
elige y se coloca detrás de la que eligiera. Cuando ya no quedan
niñas que formen la hilera, porque están colocadas detrás de las
que forman el arco, empujan hacia adelante los dos bandos, resul-
tando vencedor, naturalmente, aquel que tiene mayor número
de jugadores.*

132. AL ÁNIMO

Al ú_ni_mo, al á_ nimo, que seha roto la fuen _ te. Al á_ni_mo, al á_ ni_mo, mandadla componer...

Al ánimo, al ánimo,
que se ha roto la fuente.
Al ánimo, al ánimo,
mandadla componer.

Al ánimo, al ánimo,
que no tengo dinero.
Al ánimo, al ánimo,
nosotros lo tenemos.

Al ánimo, al ánimo,
de qué es ese dinero.

Al ánimo, al ánimo,
de cáscaras de huevo.
Al ánimo, al ánimo,
pasen los caballeros.

133. Pasen, pasen, caballeros (a)

Pasen, pasen, ca_ba_lleros; que dice el Rey que han de pasar – Que pase el Rey que ha de pasar y el hijo del

conde se ha de quedar y el que se quede se ha de quedar en_ce_rradi_to en es_te costal.

Pasen, pasen,
caballeros,
que dice el Rey
que han de pasar,
que pase el Rey,
que ha de pasar,

y el hijo del Conde
se ha de quedar,
y el que se quede
se ha de quedar
encerradito
en este costal.

En este juego de niños, dos de los mayores forman con sus brazos un arco o puerta por debajo de la cual tienen que pasar todos los demás en hilera. El 1° es el Rey y va seguido de sus hijos, el último de la fila siempre es el hijo del Conde, y al desfilar por debajo del arco siempre es separado por los que forman la puerta, uno de los cuales representa al ángel y el otro al diablo. Al detener al último niño le preguntan en voz baja: —¿Con quién te quieres ir, con el ángel o con el diablo? Según su contestación se coloca detrás de aquel que hubiere elegido. Al concluir el juego quedan formados dos partidos a cuyo frente están el ángel y el diablo. Cogidos de las manos estos dos, cada grupo jala en sentido contrario hasta que se rompe por cualquier sitio la doble hilera o un partido arrastra al otro.

134. QUE PASE EL REY... (b)

Que pase el rey
que ha de pasar,
que el hijo del conde
se ha de quedar.

135. EL NAHUAL (a)

A la víbora, víbora
de la mar, de la mar,
por aquí pasa el nahual,
con sus alas de petate,
y sus ojos de comal.

Desfila una hilera de niños por debajo del arco formado con los brazos levantados de dos más grandecitos, mientras otro, que ha sido designado por sorteo, que hace de nahual, se encuentra recostado allá lejos. Antes de iniciar la segunda vuelta, los de la hilera, a coro, gritan dos veces, la primera con voz aguda, muy fuerte, y la segunda con voz baja, muy quedo:

Coro: —Nahual, ¿dónde estás?
        Nahual, ¿dónde estás?

Nahual: —Me estoy poniendo los calzones.

Se inicia la segunda vuelta y antes de iniciar la tercera, vuelven a preguntar en la forma ya indicada, a lo que va contestando sucesivamente el nahual:

—Me estoy poniendo la camisa.
—Me estoy poniendo el pantalón.
—Me estoy poniendo la chaqueta.
—Me estoy poniendo los zapatos.

Y así sucesivamente se va poniendo: sombrero, chaleco, frac, reloj, sortija, anillo, abrigo, flor en el ojal, etc., hasta que completamente vestido dice:

—Cojo mi rifle y disparo.

Salen todos corriendo y aquel a quien alcanza pasa a ocupar su lugar. Este juego contiene anacronismos debido a que los pequeñuelos no reparan en detalles con tal de divertirse, alargando el texto lo más que pueden.

136. El lobo (b)

Ju.ga.re.mos en el bosque mientras el lo.bo no es.tá porque si el lo.bo a.pa.re.ce en.
te.ros nos co.me.rá. —Lo.bo ¿es.tás a.hí? —Me es.toy po.nien.do los za.pa.tos.

Todos: —Jugaremos en el bosque
mientras el lobo no está,
porque si el lobo aparece
enteros nos comerá.

Gritando: —Lobo, ¿estás allí?
Lobo (hablando): —Me estoy poniendo los calcetines.

Vuelve a empezar el canto y se repite el grito sucesivamente de modo que el lobo va poniéndose las prendas de vestir una por

una hasta quedar completamente vestido, y cuando menos lo es-
peran sale de su escondite, los del círculo corren en distintas di-
recciones y aquel a quien alcanza pasa a ocupar su lugar.

137. EL COYOTE

—Coyotito, ¿para dónde vas?
—A la Hacienda de San Nicolás
a buscar gallinitas
que tú no me das.
—Ven, yo te daré.

Al tratar de acercarse el Coyote para coger al que está en el
centro, le tiran golpes con los pies mientras gritan:

¡Chilla manteca!
¡Chilla manteca!

138. JUGUEMOS QUE SOMOS GRANDES

Juguemos que somos grandes
y que vamos a bailar,

yo deseo bailar contigo
esta pieza y muchas más.

Muchas gracias por el baile,   juguemos que somos grandes
muchas gracias te daré,   y volvamos a empezar.

Entre estrofa y estrofa se canta sola la música sin palabras.

139. LOS CARACOLES O EL BURRO

Ca_ra_co_les, ca_ra_co_les, ca_ra_co_les a bai_lar... que con la pa_ti_ta chue_ca lo
bien que se da_ba la vuelta, sal_to de cabra y a sí de_cí_a co_mo lo manda su Se_ño_rí_a. Yo tengo una ca_
nas ta de chi cha_rro nes pa ra dar_le al bu_rro por_que no co me

Caracoles, caracoles,
caracoles a bailar,
que con la patita chueca,   (1)
lo bien que se daba la vuelta. (2)
Salto de cabra y así decía: (3)
—Como lo manda su Señoría. (4)

Yo tengo una canasta
de chicharrones,
para darle al burro
porque no come.

Yo tengo una canasta
de chiles verdes,
para darle al burro
porque no muerde.

Yo tengo una canasta
de calabazas,
para darle al burro
porque no abraza.

*Este juego puede ser ejecutado en círculo giratorio o en dos filas,
una frente a la otra; pero siempre con un número impar de jugadores. Mientras cantan la 1ª estrofa van ejecutando lo que en cada
verso indica:*

1) Ponen un pie doblado en el suelo.
2) Dan una vuelta.
3) Saltan hacia adelante con los pies juntos.
4) Hacen una reverencia.

*Más adelante, cuando dicen: "yo tengo una canasta" se colocan
por parejas, frente a frente, o se acercan las filas de modo que*

123

formen también parejas, y en este momento dan varios golpes
con las palmas de las manos; al llegar al final y decir: "¿Por
qué no abraza?", cada niña escoge libremente a aquella que sea
su pareja y forzosamente queda una sola que tiene que hacer el
papel de burro, en el centro del círculo.

140. MATARILE-RILE-RÓ

A mo a _tó ma_ta_ri_li ri_li ró. – Le pon_dremos plancha_do_ra,mata_ri li ri_li _ ró.

Se forman dos filas de niñas, una frente a otra, y a medida que
dice los versos la primera fila, avanza hacia la segunda; al llegar
frente a ésta hace una reverencia y retrocede al punto de partida.
A su vez, la segunda fila contesta en igual forma avanzando hacia
la primera y haciendo reverencia al llegar, retrocede cantando.
Los versos se repiten para dar lugar a que durante el primero
se haga el movimiento de avance y durante el segundo el de
retroceso.

1ª fila —Amo a tó, matarile-rile-ró. *(bis)*
2ª fila —¿Qué quiere usted? Matarile-rile-ró. *(bis)*
1ª fila —Quiero un paje, matarile-rile-ró. *(bis)*
2ª fila —Escoja usted, matarile-rile-ró. *(bis)*
1ª fila —Escojo a usted, matarile-rile-ró. *(bis)*
2ª fila —Qué oficio le pondremos, matarile-rile-ró. *(bis)*
1ª fila —Le pondremos lavandera, matarile-rile-ró. *(bis)*
2ª fila —Ese oficio no le gusta, matarile-rile-ró. *(bis)*
1ª fila —Le pondremos planchadora, matarile-rile-ró. *(bis)*
2ª fila —Ese oficio no le gusta, matarile-rile-ró. *(bis)*
1ª fila —Le pondremos bordadora, matarile-rile-ró. *(bis)*
2ª fila —Ese oficio no le gusta, matarile-rile-ró. *(bis)*
1ª fila —La pondremos de sultana, matarile-rile-ró. *(bis)*
2ª fila —Ese oficio sí le gusta, matarile-rile-ró. *(bis)*

Se forman en círculo, tomadas las niñas de las manos y tras de
dar varias vueltas, desfilan cantando:

—Celebremos todas juntas, matarile-rile-ró. *(bis)*

An.gel del o . ro, a . re . ni . ta de un marqués que me ha di . cho u . na se . ño . ra que lin . das hi . jas te . neis - Que las ten . ga o no las ten . ga, o las de . je de te . ner -Es . ta me la lle . vo por lin . day her . mo . sa pa . re . ce u . na ro . sa a . ca . ba . da de na . cer

Ángel del oro,
arenita de un marqués,
que de Francia he venido
por un niño portugués.

Que me ha dicho una señora
qué lindas hijas tenéis.
—Que las tenga o no las tenga
o las deje de tener.

Ésta me la llevo
por linda y hermosa,
parece una rosa
acabada de nacer.

Ésta no la quiero
por fea y pelona,
parece una mona
acabada de nacer.

Ésta me la llevo
parece un clavel,
parece una chaquira
acabada de nacer.

*El desarrollo de este juego puede verse en el siguiente, titulado
"Hilitos, hilitos de oro". Nótense las expresiones humorísticas que
intercalan los niños.*

142. Hilitos, hilitos de oro (b)

Un grupo de niñas se sienta en el suelo; la más grandecita hace de mamá; otra, también muy lista, hace de mensajero; éste se acerca al grupo con muchas ceremonias y principia el canto diciendo:

—Hilitos, hilitos de oro
que se me vienen quebrando,
madre, madre Lagaréis,
por el rey voy preguntando
cuántas hijas me tenéis.

La madre, que no quiere separarse de sus hijas, contesta de mal humor:

—Tenga ya las que tuviere,
nada le interesa al rey.

El mensajero finge que se va contrariado y mohíno y dice:

—Pues me voy muy disgustado
a poner la queja al rey.

Entonces tanto la madre como las niñas, cantan:

—Vuelva, vuelva, caballero,
no sea tan descortés,
que de las hijas que tengo
escoja la más mujer.

El mensajero regresa y es tratado con muchos miramientos, principia a escoger, poniendo defectos a algunas de las niñas; por fin se decide por la que más le simpatiza y canta:

—Escojo la más bonita,
escojo la más mujer,
ésta que parece rosa
acabada de nacer.

Principia entonces un diálogo que puede ser muy variado, según el ingenio de los interlocutores:

—¿Te vas a palacio?
—No, aquí estoy bien.
—El príncipe te hará feliz.
—No quiero, estoy mejor con mi madre.
—Él te dará diamantes.
—No tengo deseos de nada de eso.
—Te dará perlas para tu cuello.
—No quiero, yo tengo las mías.
—Te dará una corona de oro,
y un trono recamado de perlas.

Sigue el mensajero ofreciendo y ella rechazando hasta que por fin le agrada alguna de las proposiciones, yéndose de buen grado con él. Así se va llevando una por una a las niñas, hijas de aquella señora y cada vez que regresa a buscar otra vuelve a empezar el juego cantando:

—Hilitos, hilitos de oro
que se me viene quebrando, *etc.* . . .

Cuando sólo le queda a la madre una de sus hijas, el mensajero representa al príncipe mismo que viaja de incógnito en busca de

127

la mujer que ha de ser su esposa; el juego se desarrolla del mismo modo indicado arriba; pero al llevársela le va diciendo:

—En palacio te casarás con el mensajero,
éste *(se toca el pecho)* que te adora.

La niña comprendiendo dice entusiasmada:

—¡Oh, sí! *(se abrazan)*

Regresan todas las niñas que habían sido llevadas antes, se toman de las manos, forman un círculo y cantan rodeando al doncel y a su amada.

La madre: —Aquí le entrego a mis hijas
con dolor del corazón.

Todos contentos: —Celebremos todos juntos,
todos juntos esta unión.

Entonces la madre le hace las últimas recomendaciones al que juzga el mensajero:

—Trátemela con cariño,
mire su cutis de armiño.
Trátemela con esmero,
que es de todo caballero.
Paséela en la carroza,
para que luzca la hermosa.
Y déle mucho que coma:
una ración de paloma.
Y que muela en el metate
nixtamal o chocolate.
Y si se pone en un brete,
aviéntele el molcajete.
Siéntemela en el dosel,
que es hija de un coronel.
Siéntemela en un huacal,
que es hija de un caporal.
Siéntemela en un petate,
que es hija de un pinacate.

En otras ocasiones el mensajero dice:

> —La sentaré en la ventana,
> porque es hija de Santa Anna.
> La sentaré en un balcón,
> por ser hija de Miramón.
> La sentaré entre pilares,
> por ser hija de Benito Juárez.
> La sentaré en un basurero,
> por ser hija del carbonero.

*El diálogo puede prolongarse según la fantasía de los jugadores
que van inventando los dísticos indefinidamente; mientras tanto
se van marchando de dos en dos, formando cortejo y rumbo a
palacio, donde termina el juego.*

143. Milano

Vamos a la huerta de to.ro to.ronjil.... a ver a Mi.la.no eo.miendo pe.re.jil....

Vamos a la huerta
de toro-toronjil,
a ver a Milano
comiendo perejil.

Milano no está aquí,
está en su vergel,

abriendo la rosa
y cerrando el clavel.

Mariquita la de atrás
que vaya a ver
si vive o muere
si no para correr.

*Tras de sortearse los pequeños para saber quién va a hacer de
Milano, el que resulte se retira a un lugar apartado y finge dormir. Los demás niños, puestos en hilera y cogidos por la cintura,
van desfilando y cantando las dos estrofas primeras; al concluir la
segunda se detienen y entonan la tercera a fin de dar lugar a
que el último de la fila se acerque a donde está Milano y le toque
la frente. La que dirige el juego, que funge de madre, pregunta:*

> —¿El Milano está muerto o está sano?

La niña que fue a ver a Milano contesta, sucesivamente: —Está indispuesto; —Tiene catarro; —Tiene calentura; —Tiene fiebre; —Tiene tifo; —Se está sacramentando; —Está haciendo testamento; —Está agonizando; —Milano está muerto. A cada respuesta regresa la niña a su lugar y vuelven a entonar las dos estrofas primeras en las circunstancias señaladas. Al decir "está muerto" todos se dispersan y aquel a quien Milano alcanza pasa a ocupar su lugar.

144. LA MARISOLA (a)

A la Marisola
que anda por aquí,
que de día y de noche
no dejan dormir.

—Somos los estudiantes
que venimos a estudiar

a la capillita
de la Virgen del Pilar.

Una prenda de oro,
otra de oro y plata,
que se quite, quite,
esta prenda falsa.

Se sortea entre las niñas aquella que ha de hacer el papel de Marisola, la cual se coloca en el centro de un círculo formado por las demás. Este círculo gira mientras cantan las estrofas y al llegar al último verso la niña que hace de Marisola detiene rápidamente a la que ha de sustituirla, pasando ésta a su vez al centro.

145. La Marisola (b)

¿Quién es e- sa gen-te que anda por a-llí? Ni de dí-a ni de no-che nos de-ja dormir.

So-mos los es-tudiantes que ve-ni-mos a es-tudiar a la Ca-pi-lli-ta de la Vir-gen del Pi-lar.

> *La Marisola:* —¿Quién es esa gente
> que anda por aquí?
> Ni de día ni de noche
> me deja dormir.
>
> *Coro:* —Somos los estudiantes
> que venimos a estudiar
> a la capillita
> de la Virgen del Pilar.
>
> *La Marisola:* —Cadena de oro,
> cadena de plata,
> que se quite, quite,
> esa prenda falsa.

Se desarrolla en forma semejante al juego anterior, con las indicaciones que quedan marcadas.

146. La Marisola (c)

Yo soy la ma-ri-so-la que estoy en mi co-rral, a-briendo la puer-ta y ce-rrando el portal.

Somos los es-tudiantes que ve-nimos a es-tu-diar a la ca-pi-lli-ta deo-ro de la Virgen del Pi-.

lar. Con un ro-sa-rio deo-ro y o-tro de pla-ta que se qui-te qui-te es-ta puerta fal-sa

131

—Yo soy la Marisola
que estoy en mi corral,
abriendo la puerta
y cerrando el portal.

¿De quién es ese ruido
que se oye por allí,
que ni de día ni de noche
me deja dormir.

—Somos los estudiantes
que venimos a estudiar
a la capillita de oro
de la Virgen del Pilar.

—Con un rosario de oro,
y otro de plata,
que se quite, quite,
esta puerta falsa.

Como las versiones anteriores.

147. EL PAN CALIENTE

Puestos los niños alrededor de una mesa con las manos encima de ella, las palmas para abajo, el que dirige el juego va pellizcando una por una de las manos al tiempo que recita los versos siguientes, en cada uno de los cuales, siendo versos octosílabos, dice dos sílabas y da un pellizco, empezando por la derecha y dando la vuelta alrededor de la mesa:

—Estoy llevando el grano al molino.
—¿Quién te dio tan grande pico?
—Mi Señor Jesucristo.
—Tú que vas, tú que vienes,
a lavar los manteles
de la chata narigata...

Al decir los dos versos que vienen a continuación, pellizca una de las manos, la levanta y hace que la esconda el niño debajo del brazo, y así sucesivamente hasta que todos tienen ambas manos escondidas; entonces se canta lo siguiente:

Dormir, dormir,
cabecear, cabecear.
¡Como la nieve de leche!

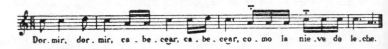

Dor.mir, dor.mir, ca.be.cear, ca.be.cear, co.mo la nie.ve de le.che.

132

Hablado —¡Quiquiriquí!
Director —Periquito, ¿ya está el pan?
　　　　—Estoy arando el campo *(dice el 1° de la derecha)*

Se vuelve a repetir: "Dormir, dormir..." (etc.) y se vuelve a contestar en cada ocasión, avanzando en el mismo sentido:

　　　　—Estoy sembrando el trigo.
　　　　—Estoy cultivando mi triguito.
　　　　—Estoy segando.
　　　　—Estoy desgranando.
　　　　—Estoy llevando el grano al molino.
　　　　—Estoy moliendo el trigo.
　　　　—Estoy calentando el horno.
　　　　—Estoy amasando la harina.
　　　　—Lo estoy poniendo a cocer.

Por último, dicen:

　　　　—¡Quiquiriquí!
Director —¿Ya está el pan?
　　　　—Ya, ¿de qué es el tuyo?
　　　　—El mío es de huevo.
Director —Y ¿el tuyo?
　　　　—Semitas ahoga perros.

Entonces todos los niños arman rebullicio con las manos y vuelven a empezar.

148. Juan Pirulero

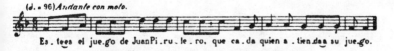

(♩ = 96) *Andante con moto.*

Es - tees el jue.go de JuanPi.ru.le.ro, que ca.da quien a.tien.da a su jue.go.

Este es el juego de Juan Pirulero,
que cada quien atienda su juego.

Es éste un juego de estrado o de salón. Se colocan los jugadores alrededor y en círculo del que funge de director. Previamente cada niño ha escogido un oficio cuyos movimientos característicos

133

*estará ejecutando mientras el director finge que toca un clarinete.
Los jugadores tienen que estar muy atentos, pues en el momento
en que el director imita los movimientos de algún oficio correspon-
diente a los jugadores aquél tiene que cambiar sus movimientos
por los del director y si se distrae y no lo hace, paga prenda, que
más adelante y al concluir el juego tiene que rescatar, mediante
un castigo.*

149. El calaverón

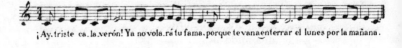

¡Ay, triste ca la verón! Ya no vola rá tu fama, porque te van a enterrar el lunes por la mañana.

¡Ay, triste calaverón!   ¡Ay, triste calaverón!
Ya no volará tu fama, ...
porque te van a enterrar   el jueves por la mañana.
el lunes por la mañana.
                                          ¡Ay, triste calaverón!
¡Ay, triste calaverón!   . . . .
. . . .   el viernes por la mañana.
el martes por la mañana.
                                          ¡Ay, triste calaverón!
¡Ay, triste calaverón!   . . . .
. . . .   sábado por la mañana.
miércoles por la mañana.

Es un simple juego enumerativo, aplicado a los días de la semana.

150. Las horas

To co la u na con cuer nos de lu na, to co las dos... di cién do te a dios.

Toco la una   toco las cuatro
con cuernos de luna,   con un garabato,
toco las dos   toco las cinco
diciéndote adiós,   saltando de un brinco,
toco las tres   toco las seis
tomando jerez,   así como ves,

toco las siete
con gusto y con brete,
toco las ocho
con un palo mocho,
toco las nueve
con bolas de nieve,

toco las diez
con granos de mies,
toco las once
que suenan a bronce,
toco las doce
y nadie me tose.

*Durante las noches de luna acostumbran los chiquillos reunirse
de dos en dos, de tres en tres o de cuatro en cuatro, y cogidos de
las manos, echando las cabezas hacia atrás, giran lentamente y
van diciendo los versillos a cada vuelta mirado a la luna.*

151. LA TORRE EN GUARDIA

—La torre en guardia, la torre en guardia, la vengo a destruir...–Pues yo no te temo pues yo no te

temo ni a tí ni a tus soldados.–Pues me voy a que jar... pues me voy a que jar... al gran rey del torreón...

—La torre en guardia, *(bis)*
la vengo a destruir.
—Pues yo no te temo, *(bis)*
ni a ti ni a tus soldados.

—Pues me voy a quejar, *(bis)*
al gran rey del torreón.

—Pues vete a quejar, *(bis)*
al gran rey del torreón.

—Mi rey, mi príncipe, *(bis)*
me postro a vuestros pies.

—Mi guarda, mi soldado, *(bis)*
decid lo que queréis.

—Que uno de vuestros pajes *(bis)*
la torre va a destruir...

—Mi rey, mi príncipe, *(bis)*
me postro a vuestros pies.
—Mi guarda, mi soldado, *(bis)*
decid lo que queréis.

—Que uno de vuestros pajes *(bis)*
me quiere combatir.

*Intervienen dos partidos que representan a los defensores de la
torre y a los atacantes; en un lugar apartado está el rey del torreón, sentado en su trono; hasta él llegan los jefes de los dos
bandos a quejarse; mientras tanto los defensores del torreón se
van apoderando de los atacantes, uno por uno.*

CUENTOS DE NUNCA ACABAR

CUENTOS DE NUNCA ACABAR

152. Bartolo

Bar_to_lo te_nía una flauta con un agu_je_ro so_lo... y su madre le de _cí _ a: To_ca la flauta...

> Bartolo tenía una flauta
> con un agujero solo
> y su madre le decía:
> —Toca la flauta...
> Bartolo tenía una flauta
> con un agujero solo... (*etc.*)

Toda esta serie de cantos se usan como entretenimiento para tener quietos a los chicos, quienes, cuanto más pequeños sean, se embebecen oyendo el cuento que no tiene fin; pero que podría tenerlo intempestivamente. Así candorosamente escuchan largo rato esperando la solución del relato.

Un fraile.... dos frailes..., tres frailes en el co_ro: ha_cen la misma vos que un frai_le so_lo..

Un fraile, dos frailes,
tres frailes, en el coro,
hacen la misma voz
que un fraile solo.

Un fraile, dos frailes,
tres frailes, cuatro frailes,
cinco frailes en el coro,
hacen la misma voz
que un fraile solo.

Se colocan los muchachos de rodillas, sentados sobre los talones, e imitan a los frailes cuando rezan, se inclinan hasta besar el suelo, se dan golpes de pecho, hacen que se disciplinan, etc., y cantan con voz grave y pausada reproduciendo el carácter del canto llano de las iglesias, y así van aumentando el número de frailes hasta donde quieren.

154. El cojo

Es_toy co_jo de un pie no pue_do ca_mi_nar, van co_rriendo a ca_
ba_llo, no los pue_do al_can_zar. ¡U_ju! ¡U_ju! No los pue_do al_can_zar.

Estoy cojo de un pie,
no puedo caminar, *(bis)*
van corriendo a caballo,
no los puedo alcanzar;
¡Uju! ¡Uju! No los puedo alcanzar.

Frecuentemente los pequeñuelos acostumbran caminar a saltos en un pie, al salir de la escuela o cuando están alegres, también cuando se cansan de uno, continúan con el otro y de la misma manera alternan el sonecillo y los versos con los saltos.

155. Un hombre a caballo

Un hombre a ca.ballo... se que.dó dormido..., se espan.tó el ca.ballo... y dió el es.tampido...

Un hombre a caballo
se quedó dormido,
se espantó el caballo
y dio el estampido;

carrera y carrera
y el hombre dormido,
carrera y carrera
y el hombre dormido...

Para los cuentos de nunca acabar se reúnen los chiquillos en círculo alrededor del director, quien relata o canta y tiene el secreto de lo que está haciendo; cuando se han cansado de escuchar y ven que el cuento no tiene solución, se cambia el tema de éste por otro más interesante.

156. El barco chiquito (a)

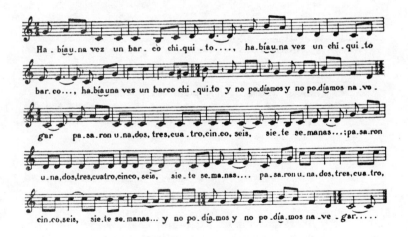

Ha.bíau.na vez un bar.co chi.qui.to...., ha.bíau.na vez un chi.qui.to bar.co..., ha.bíauna vez un barco chi.qui.to y no po.díamos y no po.díamos na.ve. gar pa.sa.ron u.na, dos, tres, cua.tro, cin.co, seis, sie.te se.manas...; pa.sa.ron u.na, dos, tres, cuatro, cinco, seis, sie.te se.ma.nas.... pa.sa.ron u.na, dos, tres, cua.tro, cin.co, seis, sie.te se.manas... y no po.día.mos y no po.día.mos na.ve - gar.....

Había una vez un barco chiquito,
y había una vez un chiquito barco,
y había una vez un barco chiquito,
y no podíamos, y no podíamos navegar.

Pasaron una, dos, tres, cuatro,
cinco, seis, siete semanas;
pasaron una, dos tres, cuatro,
cinco, seis, siete semanas;
pasaron una, dos, tres, cuatro,
cinco, seis, siete semanas;
y los víveres, y los víveres
comenzaban a escasear.

Y si la historia no les parece larga,
y si la historia no les parece larga,
y si la historia no les parece larga,
volveremos, volveremos, volveremos a empezar.

157. EL BARCO CHIQUITO (b)

Y era una vez un barco muy chiquito,
y era una vez un barco muy chiquito,
y era una vez un barco muy chiquito,
y los víveres, y los víveres, comenzaron a escasear.

Y pasaron una, dos, tres, cuatro, cinco,
seis, siete semanas,

y pasaron una, dos, tres, cuatro, cinco,
seis, siete semanas,
y pasaron una, dos, tres, cuatro, cinco,
seis, siete semanas,
y los víveres, y los víveres, comenzaron a escasear.

Si esta canción la encuentran divertida,
si esta canción la encuentran divertida,
si esta canción la encuentran divertida,
volveremos, volveremos, volveremos a empezar.

158. El romance del clavel

Ento_ne_mos el romance, del roman _ce del romance, del roman _ ce del romance, del roman _ce del clavel.

Entonemos el romance
del romance del romance,
del romance del romance,
del romance del clavel.

Continuemos el romance,
del romance del romance,
del romance del romance,
del romance del clavel.

Aprendamos el romance,
del romance del romance,
del romance del romance,
del romance del clavel.
Meditemos el romance, (etc.)

Repitamos el romance, (etc.)

Principiemos el romance, (etc.)

Con el fin de entretener a los chicos durante las horas muertas en que por alguna causa: el frío, el aire, la lluvia, etc., no pueden jugar en los patios, jardines o en el campo, se les reúne y se inicia este canto ya sea dando vueltas en hilera formando un círculo, o serpenteando cogidos por la cintura.

RELACIONES, ROMANCES Y ROMANCILLOS

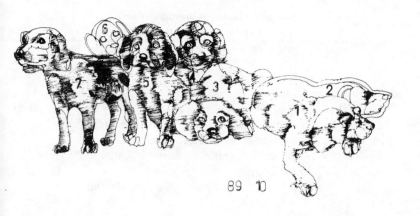

89 10

RELACIONES, ROMANCES Y ROMANCILLOS

159. Un sábado por la tarde ... (a)

Un sá - ba - do por la tar - de, un sá - ba - do por la tar - de,

i - ban sa - lien - do las monjas, i - ban sa - lien - do las monjas

to - das ves - ti - das de ne - gro, to - das ves - ti - das de ne - gro...

UN SÁBADO por la tarde *(bis)*
iban saliendo las monjas *(bis)*
todas vestidas de negro, *(bis)*
con una vela en la mano *(bis)*
que parecía un entierro. *(bis)*
Estando yo en la puerta *(bis)*
me metieron para dentro *(bis)*

147

sacudiéndome el vestido, *(bis)*
peinándome la cabeza. *(bis)*
Anillito de mi dedo, *(bis)*
pariente de mis orejas... *(bis)*

Se forma un círculo de niñas todas cogidas de la mano y van girando al compás de la música. Al decir "Me metieron para dentro", hacen entrar a una niña al centro. Cuando dicen "sacudiéndome...", le sacuden el vestido. Cuando dicen "Anillito...", imitan que le quitan un anillo, y cuando cantan: "Pariente de mis orejas", hacen lo mismo con los aretes. (Como se ve la palabra "pendiente" ha degenerado en "pariente".)

160. YO ME QUERÍA CASAR (b)

Yo me quería casar
con un chiquito barbero
y mis padres me querían
monjita del monasterio.

. . . .

al revolver una esquina

había un convento abierto,

. . . .

me cogieron de la mano
y me metieron adentro,

. . . .

¡Lo que más sentía yo
era mi mata de pelo!

161. YO ME QUERÍA CASAR (c)

Yo me quería casar *(bis)*
con un mocito barbero *(bis)*
y mis padres me querían *(bis)*
monjita del monasterio. *(bis)*

Una tarde de verano *(bis)*
me sacaron de paseo *(bis)*
y al revolver una esquina *(bis)*
estaba el convento abierto. *(bis)*

Salieron todas las monjas *(bis)*
todas vestidas de negro, *(bis)*

me agarraron de la mano *(bis)*
y me metieron adentro. *(bis)*

Me empezaron a quitar *(bis)*
los adornos de mi cuerpo: *(bis)*
pulseritas de mis manos, *(bis)*
anillitos de mis dedos, *(bis)*
pendientes de mis orejas, *(bis)*
mantilla de tafetán *(bis)*
y jubón de terciopelo. *(bis)*
Lo que más sentía yo *(bis)*
era mi mata de pelo. *(bis)*

. . . .

162. La suegra y la nuera

M'hi-jo se ca-só.... ya tie-ne mu-jer... ma-ña-na ve-re-mos lo que sa-be-hacer...

Suegra: —M'hijo se casó,
ya tiene mujer,
mañana veremos
lo que sabe hacer.

Levántate, mi alma,
como es de costumbre,
lavar tu brasero
y poner la lumbre.

Nuera: —Yo no me casé
para trabajar,
si en mi casa tengo
criados que mandar.

Suegra: —¡Demonio de nuera!
¿pues qué sabe hacer?
Coja usted la escoba,
póngase a barrer.

Nuera: —¡Demonio de vieja!
¿por qué me regaña?
El diablo se pare en
sus sucias marañas.

Suegra: —¡Demonio de nuera!
¿pues qué sabe hacer?
Coja usted la aguja,
póngase a coser.

Nuera: —¡Demonio de vieja!
¿por qué me maldice?
El diablo se pare en
sus sucias narices.

Suegra: —Yo quise a mi nuera,
la quise y la adoro,
por verla sentada en
las llaves de un toro.

Nuera: —Yo quise a mi suegra,
la quise y la quiero,
por verla sentada
en un hormiguero.

Suegra: —Ay, ay, ay, ay, ay,
que me haces llorar,
con los malos ratos
que me haces pasar.

Nuera: —Ay, ay, ay, ay, ay,
que me hacen llorar
las ingratitudes
que me hacen pasar.

Suegra: —¡Ay, hijo de mi alma,
mira a tu mujer!
Llévala al infierno,
no la puedo ver.

Hijo: —¡Ay, madre del alma,
cállese por Dios!
Que yo ya me canso
de oír a las dos.

163. LOS NÚMEROS RETORNADOS

De la u_na a las dos voy más a las dos..... de la u_na a las dos, voy más a las
dos..... ni dos, ni u_na, ni me_dia, ni na_da... ni na_da, ni na_da... ni

diez, ni nue_ve, ni o_cho, ni sie_te, ni seis, ni cin_co, ni cua_tro, ni tres, ni dos, ni

u_na, ni me_dia, ni na_da, ni na_da...   ni na_da, ni na _ da.....

De la una a las dos,
voy más a las dos;
de las dos a las tres,
voy más a las tres;
de las tres a las cuatro,
voy más a las cuatro;
de las cuatro a las cinco,
voy más a las cinco;
de las cinco a las seis,
voy más a las seis;
de las seis a las siete,
voy más a las siete;

de las siete a las ocho,
voy más a las ocho;
de las ocho a las nueve,
voy más a las nueve;
de las nueve a las diez,
voy más a las diez:
Ni diez, ni nueve,
ni ocho, ni siete,
ni seis, ni cinco,
ni cuatro, ni tres,
ni dos, ni una,
ni nada, ni nada,
ni nada, ni nada.

*Gustan los muchachos, sentados en círculo, jugar a lo que han
aprendido en la escuela y al efecto repiten la cantilena anterior,
que sirve para que los menos iniciados aprendan la numeración
en orden ascendente y descendente, casi sin sentirlo.*

164. LOS DIEZ PERRITOS

Yo te_ní_a diez pe_rri_tos, yo te_ní_a diez pe_rri_tos, y u_no se ca_yó en la

nie_ve, ya no más me que_dan nue_ve, nue_ve, nue_ve, nue_ve, nue ve

Yo tenía diez perritos,
y uno se cayó en la nieve,
ya no más me quedan nueve,
nueve, nueve, nueve, nueve.

De los nueve que tenía,
uno se comió un bizcocho,
ya no más me quedan ocho,
ocho, ocho, ocho, ocho.

151

De los ocho que quedaban
uno se clavó un tranchete,
ya no más me quedan siete,
siete, siete, siete, siete.

De los siete que quedaban
uno se quemó los pies,
ya no más me quedan seis,
seis, seis, seis, seis.

De los seis que me quedaban
uno se mató de un brinco,
ya no más me quedan cinco,
cinco, cinco, cinco, cinco.

De los cinco que quedaban
uno se cayó de un teatro,
ya no más me quedan cuatro,
cuatro, cuatro, cuatro, cuatro.

De los cuatro que quedaban
uno se volteó al revés,

ya no más me quedan tres,
tres, tres, tres, tres.

De los tres que me quedaban
uno se murió de tos,
ya no más me quedan dos,
dos, dos, dos, dos.

De los dos que me quedaban
uno se murió de ayuno,
ya no más me queda uno,
uno, uno, uno, uno.

Y ese uno que quedaba
se lo llevó mi cuñada,
ahora ya no tengo nada,
nada, nada, nada, nada.

Cuando ya no tenía nada,
la perra parió otra vez,
y ahora ya tengo otros diez,
diez, diez, diez, diez.

*Los chiquillos, por las tardes, al oscurecer, sentados en los patios,
pero sobre todo en constante actividad, ya brincando en un pie,
desfilando o girando en círculo, encuentran encanto en cantar esta
historia en la que los perritos van desapareciendo poco a poco.*

165. EL GORRIONCITO (a)

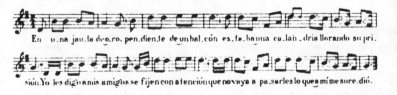

En una jaula de oro,
pendiente de un balcón

estaba una calandria
llorando su prisión,

y luego un gorrioncito
a la jaula se arrimó:
—Si tú te vas conmigo,
libre te saco yo.
Y luego la calandria
al momento contestó:
—Si tú me sacas libre,
contigo me voy yo.
Y luego el gorrioncito
a la jaula se arrojó,
con alas, pies y pico
los alambres quebró.
Y luego la calandria
al instante se fugó,
tomó los cuatro vientos,
voló, voló, voló.

Y luego el gorrioncito
al momento la siguió,
quería que le cumpliera
la palabra que le dio.
Y luego la calandria
al momento le contestó:
—Yo no me voy contigo,
lo que pasó voló.
Y luego el gorrioncito
de su lado se apartó
mirando su desgracia
lloró, lloró, lloró.
Yo les digo a mis amigos
se fijen con atención,
que no vaya a pasarles
lo que a mí me sucedió.

166. LA CALANDRIA (b)

Es.ta.bau.na ca.landria pendiente de un balcón en u.na jau.la de oro llo.rando su pri.

sión. Y luego el gorrionci.llos la jaula se acercó con patas, alas y pi.co los alambres quebró.

Y estaba una calandria
pendiente de un balcón
en una jaula de oro
llorando su prisión.
Luego un gorrioncillo
de este modo le habló:
—Si te casas conmigo
te pongo libre yo.
Luego la calandria
pronto le contestó:
—Sí me caso contigo
en siendo libre yo.
Y luego el gorrioncillo

a la jaula se acercó,
con patas, alas y pico
los alambres quebró.
Entonces la calandria
de la jaula salió
y abrazando los vientos
voló, voló, voló.
Y luego el gorrioncillo
al viento se arrojó
buscando a la calandria
que palabra le dio.
Y luego la calandria
esto le devolvió:

153

—Jamás lo he conocido,
ni he estado presa yo.
El pobre gorrioncillo

solo se devolvió,
y en una jaula de oro
solo se aprisionó.

167. MAMBRÚ (a)

Mambrú se fué a la guerra ¿Dón.de es.ta.rá Mambrú? – Se fué con su si.re.na tan lin.da como
tú. Mambrú se fué a la guerra, se tuvo que embarcar se fué con su. re.na no la puede olvi.dar.

Mambrú se fue a la guerra,
¿dónde estará Mambrú?
Se fue con su sirena
tan linda como tú.

Llevaba en la casaca
las hojas de una flor,
llevaba a su sirena,
la prenda de su amor.

Mambrú se fue a la guerra,
se tuvo que embarcar,
se fue con su sirena,
no la puede olvidar.

Mambrú volvió de Francia,
llora, llora y llorar;
ha muerto su sirena
que la dejó en el mar.

Colocados los chicos en hilera, van desfilando por los corredores, patios o parques cantando las anteriores estrofas.

168. MAMBRÚ (b)

Mam.brú, se _ ño.res mí _ os, ¡Mi.re usted, mire usted, qué des.ví.os! Mambrú, se.ño.res
mí.os ca.sar.se quie.re ya, ca.sar.se quie.re ya, ca.sar.se quie.re ya....

Un niño nació en Francia,
mire usted, mire usted ¡qué elegancia!

Un niño nació en Francia
muy bello y sin igual.

Por falta de padrinos
mire usted, mire usted ¡qué ladinos!
por falta de padrinos
Mambrú se va a llamar.

Mambrú, señores míos,
mire usted, mire usted ¡qué desvíos!
Mambrú, señores míos,
casarse quiere ya.

Con una dama hermosa,
mire usted, mire usted ¡qué babosa!
Con una dama hermosa
nacida en Portugal.

Los duques y marqueses,
mire usted, mire usted ¡qué zonceces!
Los duques y marqueses
lo van a apadrinar.

En la noche del baile,
mire usted, mire usted ¡qué del fraile!
En la noche del baile
fue entrando un oficial.

En la mano le pone,
mire usted, mire usted que dispone,
en la mano le pone
una cédula real.

Que quiso que no quiso,
mire usted, mire usted ¡qué chorizo!
que quiso que no quiso
se tuvo que ausentar.

Mambrú se fue a la guerra
mire usted, mire usted ¡que se aferra!

Mambrú se fue a la guerra,
no sé cuándo vendrá.

Si vendrá por la Pascua,
mire usted, mire usted ¡qué tarasca!
Si vendrá por la Pascua
o por la Trinidad.

Se sube a la alta torre,
mire usted, mire usted, ¡cómo corre!
Se sube a la alta torre
por ver si viene ya.

Ya veo venir un paje,
mire usted, mire usted ¡qué salvaje!
Ya veo venir un paje
¿qué noticias traerá?

Las noticias que traigo,
mire usted, mire usted ¡que me caigo!
Las noticias que traigo,
que Mambrú es muerto ya.

Los padres manarrotas,
mire usted, mire usted ¡qué pelotas!
los padres manarrotas
cantándole ván ya.

Los padres musicudos,
mire usted, mire usted ¡qué trompudos!
Los padres musicudos
ya lo van a enterrar.

Aquí acabó la historia,
mire usted, mire usted ¡qué zanahoria!
Aquí acabó la historia.
Mambrú descansa ya.

169. Parodia de Mambrú (c)

Mam.brú se fué a la guerra montado en u.na perra, la perra se murió, Mam.brú se la comió.

Mambrú se fue a la guerra
montado en una perra,
la perra se murió,
Mambrú se la comió.

Con el objeto de hacer reír a los chicos, los más grandecitos les
hacen cantar la estrofa anterior.

170. El casamiento del pato y la gallareta
(Parodia de Mambrú (d)

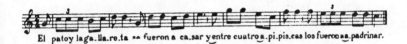

El pato y la ga.lla.re.ta se fueron a ca.sar y entre cuatro a.pi.pis.cas los fueron a padrinar.

Un domingo por la tarde
la luna estaba llena,
y la laguna de agua
muy límpida y serena.

Un pato solitario
que sin ningún temor
iba surcando el agua
en busca de su amor.

Por fin llegó a la orilla
en donde lo esperaba
la linda gallareta
que tanto idolatraba.

Después de platicar
convinieron al fin
que el jueves muy temprano
se irían a casar.

El jueves muy temprano
se fueron a casar
y entre dos tortolitos
los fueron a apadrinar.

El jueves por la tarde
llegó el gavilán
diciendo: —Amigo pato,
es hora de volar.

Que quiso que no quiso,
que tuvo que volar;
quedó la gallareta
muy triste y sin hablar.

Subió a un alto pino
a ver si le ve llegar,
no vio más que un tordito
vestido de luto ya.

157

—Señor, amigo tordo,　　—Señora gallareta,
¿qué noticias me trae?　　el pato ha muerto ya.

La melodía de esta parodia es realmente una condensación de la del ejemplo 168 (b), lo que demuestra que su relación con la canción de Mambrú es efectiva.

171. Don Gato (a)

Es.ta.ba.el.gato.sentado... en su si.lli.ta de palo... con sombrerito de paja... como valiente sol.dado...

Estaba el gato sentado
en su sillita de palo
con sombrerito de paja
como valiente soldado.
Llególe carta de España
que si quería ser casado
con la gatita morisca
del ojito aceitunado.
Su papá dijo que sí,

su mamá dijo que no,
y el gatito de cuidado
del tejado se cayó.
Médicos y cirujanos,
vengan a curar al gato,
procuren que se confiese
de lo que se haya robado:
salchichón de la despensa
y la carne del tejado.

La melodía de este canto es la misma del romance burlesco de "El payo Nicolás".

172. Don Gato (b)

Es.ta.ba.el.señor.don.Gato...sentadito en su te.ja.do... cal.zado de media blanca... y su za.pa.ti.to bajo...

Estaba el señor don Gato
sentadito en su tejado,
calzado de media blanca
y su zapatito bajo.
Iba subiendo la Gata
con sus ojos relumbrando
y al tiempo de darle un beso

el Gato se vino abajo.
Se rompió media cabeza
y se desconcertó un brazo,
tuvieron junta de médicos
y también de cirujanos.
Uno le agarra las patas,
otro le agarra las manos

158

hay otro que en las orejas
el pulso le está tomando.
Y meneando la cabeza
en señal de desahuciarlo,
el médico en jefe exclama:
—¡Siempre muere el
desgraciado!
Que traigan al padre cura
para que confiese al Gato
y que haga su testamento
de todo lo que ha robado.
Salió la Gata corriendo
a sacar de su curato
al bendito padre cura,
quien llega muy fatigado.
Y el enamorado luego,
comienza su gran relato:
—Acúsome, padre mío,
que he robado buen tasajo,
mucho queso, longaniza
es lo que más he robado;
además, muchos chorizos
y también un lomo asado.
A las once de la noche

acabó medio maullando
y le trajeron gallina
para darle tibios caldos.
La Gata se pone luto;
los gatos, capotes pardos,
y unos buenos funerales
le hacen al señor don Gato.
Los ratones de contento
se visten de colorado
y celebran un banquete
por la muerte del tirano.
Y en su tumba le pusieron:
"¡Aquí yace un desdichado!
"No murió de tabardillo,
"ni de dolor de costado;
"su muerte fue ocasionada
"a causa de un beso dado
"a su Gata tan querida,
"y murió por descuidado."
A todos los que me escuchan
y que sean enamorados
no la del Gato les pase
y mueran desconchinflados.

173. Delgadina (a)

Delgadina se paseaba
por una sala cuadrada

Estribillo: Que din, que don,
que don, din, don.

Con su santo Cristo de oro
que en el pecho le brillaba.

Estribillo: Que din, que don,
que don, din, don.

(*Cada dos versos se repite el estribillo*).

Llegó su papá y le dijo:
—Yo te quiero para dama.
—Ni lo quiera Dios, papá,
ni la Virgen Soberana;
que es ofensa para Dios
y también para mi mamá.
—Júntense criados y criadas
y encierren a Delgadina,
remachen bien los candados,
que no se oiga voz ladina.
Si pidiera de comer,
la comida muy salada;
si pidiera de beber,
la espuma de la retama.
—Mamacita de mi vida
dame un breve trago de agua
porque me muero de sed
y no veo la madrugada.
—Delgadina, hija mía,
no te puedo dar el agua,
si lo sabe el rey tu padre
a las dos nos quita el alma.
—Mariquita, hermana mía,

regálame un vaso de agua,
porque me muero de sed
y el rey ya ves lo que fragua.
—Delgadina, hermana mía,
no te puedo dar el agua,
pues no debo deshacer
lo que mi padre mandaba.
—Papacito de mi vida,
dame un breve trago de agua,
porque me muero de sed
y no veo la madrugada.
—Júntense criadas y criados,
llévenle agua a Delgadina;
unos en vasos dorados,
y otros en copas de China.
Cuando le llevaron l'agua
Delgadina estaba muerta,
con los ojos hacia el cielo
y la boquita entreabierta.
Delgadina está en el cielo
dando gracias al Creador
y su padre en el infierno
con el demonio mayor.

Este romance lo cantan los niños al oscurecer, a la puerta de sus casas, teniendo como principal objeto el imitar el sonido de las campanas indicado por el estribillo; pero sobre todo al final imitan un verdadero repique con diversos timbres de campanas.

174. DELGADINA (b)

-Delga - di - na, hi - ja mí - a, ¿quie - res ser mi be - lla da - ma? Con el lin - go lin - go,

con el lin - go lai - ra, con el li - món ver - de y su fres - co li - mo - nar.

—Delgadina, hija mía,
¿quieres ser mi bella dama?

Con el lingo, lingo,
con el lingo laira,

160

con el limón verde,
y su fresco limonar.
—No lo permitan los cielos,
ni la Reina Soberana.

Con el lingo, lingo,
con el lingo laira,
con el limón verde,
y su fresco limonar.

Continúa como en el ejemplo anterior.

175. Delgadina (c)

Del.ga.di.na se pa.seaba de la sa.laa la co.ci.na. Do.ña pin.go.lin.go, do.ña pin.gorianga es.

ti . ra qu'es.ti.ra, a.flo.ja queaflo.ja es.tosme.ca.ti.tos de es.ta cam.pa.na....

Delgadina se paseaba
de la sala a la cocina.
Doña pingolingo,
doña pingorianga,
estira que estira,
afloja que afloja
estos mecatitos
de esta campana.

Continúa el relato como en la canción Nº 173.

176. El casamiento del piojo y la pulga (a)

El piojo y la pulga se van a casar,
no se hacen las bodas por falta de pan.
Responde una hormiga desde su hormigal:
—Que se hagan las bodas, que yo daré el pan.
—¡Albricias, albricias, ya el pan lo tenemos!
Pero ahora la carne, ¿dónde la hallaremos?
Respondió un lobo desde aquellos cerros:
—Que se hagan las bodas, yo daré becerros.
—¡Albricias, albricias, ya carne tenemos!

161

Pero ahora el vino, ¿dónde lo hallaremos?
Responde un mosquito de lo alto de un pino:
—Que se hagan las bodas, que yo daré el vino.
—¡Albricias, albricias, ya vino tenemos!
Pero ahora quién toque, ¿dónde lo hallaremos?
Responde la araña desde el arañal:
—Que se hagan las bodas, que yo iré a tocar.
—¡Albricias, albricias, quién toque tenemos!
Pero ahora quién baile, ¿dónde lo hallaremos?
Responde una mona desde su nogal:
—Que se hagan las bodas, que yo iré a bailar.
—¡Albricias, albricias, quién baile tenemos!
Pero ahora quién cante, ¿dónde lo hallaremos?
Responde una rana desde su ranal:
—Que se hagan las bodas, que yo iré a cantar.
—¡Albricias, albricias, quién cante tenemos!
Pero ahora madrina, ¿dónde la hallaremos?
Responde una gata desde la cocina:
—Que se haga la boda, yo seré madrina.
—¡Albricias, albricias, madriná tenemos!
Pero ahora padrino, ¿dónde lo hallaremos?
Responde un ratón de todos vecino:
—Que se hagan las bodas, yo seré padrino.
Y estando las bodas en todo su tino,
saltó la madrina y se comió al padrino.

177. EL CASAMIENTO DEL PIOJO Y LA PULGA (b)

El piojo y la pulga se quieren casar
y no se han casado por falta de pan.
¡Bendito sea Dios que todo tenemos!
Pero de harina, ¿ahora sí, qué haremos?

Contestó el borrego desde su corral:
—Háganse las bodas, yo doy un costal.
¡Bendito sea Dios que todo tenemos!
Pero de manteca, ahora sí, ¿qué haremos?
Contestó el cochino desde su corral:
—Hágase la boda, que manteca aquí hay.
¡Bendito sea Dios que todo tenemos!
Pero de quién guise, ¿ahora sí, qué haremos?
Dijo la gallina desde su corral:
—Hágase la boda, que yo iré a guisar.
¡Bendito sea Dios que todo tenemos!
Pero de quién sople, ¿ahora sí, qué haremos?
Contestó el jicote desde su panal:
—Hágase la boda, que yo iré a soplar.
¡Bendito sea Dios que todo tenemos!
Pero de quién cante, ¿ahora sí, qué haremos?
Contestó el mosquito desde el mosquital:
—Hágase la boda, que yo iré a cantar.
¡Bendito sea Dios que todo tenemos!
Pero de quién hile, ¿ahora sí, qué haremos?
Contestó la araña desde su telar:
—Hágase la boda, que yo voy a hilar.
¡Bendito sea Dios que todo tenemos!
Pero de padrino, ¿ahora sí, qué haremos?
Contestó el ratón en tono ladino:
—Hágase la boda, yo seré el padrino.
Se hicieron las bodas y hubo mucho vino,
soltaron al gato, se comió al padrino...
¡Ah, qué tarugada, lo que sucedió!
Se desató el gato, todo se acabó.

178. El casamiento del piojo y la pulga (c)

El piojo y la pulga
se quieren casar,
por falta de harina
no lo han hecho ya.

Estribillo:

Me quieres, te quiero,
nos hemos de casar;
como Dios nos dé morralla,
nos hemos de casar:

179. El casamiento del piojo y la pulga (d)

El piojo y la pulga se quieren casar;
por falta de quién guise, no se pueden casar. *(bis)*
Responde la chinche desde su chinchero:
—Hágase la boda, que yo iré a guisar,
que con mis olores, qué bueno ha de estar.
¡Bendito sea Dios que todo tenemos!
Sólo de quién cante ¿quién sabe qué haremos? *(bis)*
Responde la rana desde su ranal:
—Hágase la boda, que yo iré a cantar. *(bis)*
¡Bendito sea Dios que todo tenemos!
Sólo de quién baile ¿quién sabe qué haremos? *(bis)*
Responde la araña desde su telar:
—Hágase la boda, que yo iré a bailar. *(bis)*
¡Bendito sea Dios que todo tenemos!
Sólo de padrino ¿quién sabe qué haremos? *(bis)*
Responde el ratón con gran desatino:
—Amarren su gato, yo seré el padrino. *(bis)*
Con esto en la boda hubo mucho vino,
suéltase el gato, zúmbase al padrino. *(bis)*

MENTIRAS Y CANTOS AGLUTINANTES

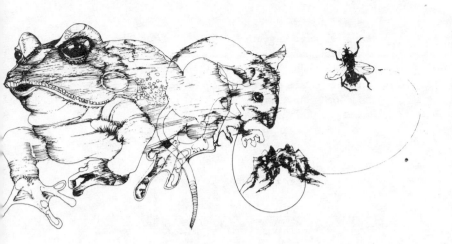

MENTIRAS Y CANTOS AGLUTINANTES

180. Las mentiras

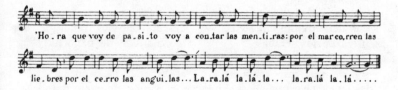

'Ho_ra que voy de pa_si_to voy a con_tar las men_ti_ras: por el mar co_rren las lie_bres por el ce_rro las ang'ui_las... La_ra_lá la_lá_la... la_ra_lá la_lá.....

'Hora que voy de pasito
voy a cantar las mentiras:
por el mar corren las liebres;
por el cerro las anguilas.
   Laralá lalála,
   laralá lalá.
Yo tenía un caballo en Francia
con una pata en Jerez,
y de ver la maravilla
lo eligieron para juez.

Laralá lalála,
laralá lalá.
Por el mar venía una chinche
con la cabeza en Fresnillo,
y de ver la maravilla
la vistieron de amarillo.
   Laralá lalála,
   laralá lalá.
De las costillas de un piojo
yo vi estar formando un puente,

y por el pico de un gallo
había de pasar la gente.

    Laralá lalála,
    laralá lalá.

Un burro estaba estudiando
modo de subir al cielo,
cuando lo pudo aprender
tuvo que empezar de nuevo.

Laralá lalála,
laralá lalá.
Oigame usted, señorita,
las mentiras le canté:
si le gustan, está bien;
si no, cántelas usted.

    Laralá lalála,
    laralá lalá.

181. LA CIUDAD "NO SÉ DÓNDE"...

Hoy ha - ce trein - ta mil a - ños... de la ciu - dad "No se don - de...."
me man - da - ron u - na car - ta a las trein - ta de la no - che....

Hoy hace treinta mil años,
de la ciudad "No sé dónde"
me mandaron una carta
a las treinta de la noche.
Lo primero que me dicen
que la ciudad es muy grande,
que tiene treinta mil leguas,
fuera de los arrabales.
Las calles no son como éstas,
son de muy finos metales,
las muchachas que allá habitan
son aceitunas cordiales (?).
Las pilas llenas de aceite,
llenas y sin derramarse,
vuelan los patos asados
en sal, pimienta y vinagre.
Los templos son de azúcar;
de caramelo, los frailes;
monaguillos, de panocha;
de miel, los colaterales;
el sacristán, de panocha,
y el cantor, de queso grande.

182. EL PIOJO

El lunes me picó un piojo...y hasta el martes lo agarré para poderlo lazar.... cinco reatas reventé.....

El lunes me picó un piojo
y hasta el martes lo agarré;
para poderlo lazar,
cinco reatas reventé.

Para poderlo alcanzar
ocho caballos cansé;
para poderlo matar,
cuatro cuchillos quebré.

Para poderlo guisar
a todo el pueblo invité;
de los huesos que quedaron
un potrerito cerqué.

Yéndome yo para León
me encontré un zapatero,

y ya me daba el ingrato
veinte reales por el cuero.

El cuerito no lo vendo,
lo quiero para botines,
para hacerles su calzado
a toditos los catrines.

El cuerito no lo vendo,
lo quiero para tacones,
para hacerles su calzado
a toditos los m... mirones.

183. Los animales (a)

Amigos, les contaré,
lo que son los animales:
—Yo *vide* tejer huacales
retejidos con hilachas,
—tres palomas muy borrachas
me pelaban tantos dientes,
se los *vía* muy relucientes
que parecían de marfil;
—les llegué a contar dos mil
aparte de los colmillos,
—los jicotes amarillos,
regañando al comején.
—Vi al gorupo y al jején,
se agarraron a guantadas,
—las avispas enojadas
correteando a los coyotes,
—y yo ví cocer camotes
a una *probe* cucaracha,
la *vide* que agarró su hacha,
y a un perro sin dilación.

—También *vide* al abejón
correteando a un mayate,
cada quien con su sarape,
correteando por la calle.
—*Vide* arar a un chapulín
unciendo dos jabalines,
vide a un sapo con botines,
quiso montar a caballo.
—También vi pelear a un gallo
con un torito barcino.
—También *vide* beber vino
a un grillo en la taberna;
—también *vide* una mancuerna
luchando con un caimán;
—también *vide* al gavilán
descargando su escopeta;
—*vide* una borrega prieta
en su silla bien sentada;
—*vide* un aura bien peinada
con su pelo bien partido:

169

—*vide* un cangrejo dormido
tirado de largo a largo;
—*vide* un gorupo *distráido*

con su chaqueta y presilla;
—*vide* un aura con faldilla
por esa loma partida.

Todos: Y allá va la despedida,
dando vuelta a los corrales;
oiga usted, don Pascualito,
le *entriego* sus animales,
se los *entriego* cabales:
suélteme mis cuatro reales.

Es un juego regocijado en el que se introducen hazañas increíbles realizadas por diversos animales. Generalmente se canta por las tardes o en las noches, sentados todos los que participan, casi siempre en rueda, en forma circulante, tocándole el turno inmediatamente al de la derecha del que inició el canto y así sucesivamente, teniendo obligación de decir, por lo menos, dos versos. Lo interesante es que no se interumpa ni un solo momento.

184. Los animales (b)

También vi pasar un gallo unciendo dos jabalines, cada quien con sus botines para montar a caballo.

Persiguiendo al alguacil pasó don Pancho Linares y aquí se acaban cantando versos de los animales.

También vi pasar un gallo	Que parecían carranclanes
unciendo dos jabalines,	con sus patas desolladas,
cada quien con sus botines,	pasaban mulas *espiadas*
para montar a caballo.*	persiguiendo al comején.
Para montar a caballo	Persiguiendo al comején
pasaron dos alacranes,	pasaron dos grillos flacos,
con bigotes tan alzados	con polainas y con tacos,
que parecían *carranclanes*.	y terciando su fusil.

* A esta forma literaria le llama el pueblo de México: "Cadenas", por ir enlazadas las estrofas.

170

Y terciando su fusil
pasó el ratoncito Pérez,
con toditas sus mujeres
persiguiendo al alguacil.

Persiguiendo al alguacil
pasó don Pancho Linares,
y aquí se acaban cantando
versos de los animales.

*Muy semejante al anterior, sólo que cada chico tiene que decir
una estrofa; la última de ellas la cantan todos juntos.*

185. Los animales (c)

Amigos, les contaré
lo que hacen los animales:
los *vide* yo hacer jacales
y tejerlos con hilachas,
y dos palomas *tencuachas* *
'tar pelándome los dientes;
se los vi tan relucientes
que parecían de marfil,
les conté más de cien mil,
sin muelas y sin colmillos,

y a los burros amarillos
'tar cargando una escopeta.
También vi tocar corneta
una triste cucaracha,
también *vide* agarrar l'hacha
un sapito con botines;
también vi dos *javalines*
'tar levantando una cerca
también vi una chiva renca
ir montada en un caballo.

* Labio leporino.

171

Señores, les contaré,
que lo crean no estoy seguro,
yo vi unos animales
que en ocho días bien cabales,
techaron unos jacales.
Los techos eran de hilachos,
vi unas palomas *tencuaches*,
vi un sapo y un mosco
y echándose de trompadas.

Estribillo:

¡Ay no más y ay no más!

Vi bajar un becerrito al agua
con los ojos en la cara,
me puse a considerar
que su padre sería un toro,
me puse a buscar al toro

y vi un sapo con botines,
vi un sapo y un mosco
echándose de trompadas.

Estribillo:

Y ¡ay no más y ay no más!...

187. Versos del coyote

De o - ri - llas de u - na ra - ma - da... i - ba sa - lien - do un co -
yo - te... cuando al pa - si - to y al tro - te... lim - piándo - se los bi - go - tes...

De orillas de una ramada
iba saliendo un coyote,
cuando al pasito y al trote,
limpiándose los bigotes,
un picarón gavilán,
el que se moría de risa,
de verse ya sin camisa,
pero sí con buen gabán.
Poco a poco el coyotito
se acercaba a la cocina,
se sacaba del *jogón*
con tientito una tortilla.
—En esto no cabe duda
que todos tienen su maña.
Así dijo el chapulín
a la mosca y a la araña.
También dijo ahí el *jicote:*
—Ahora me vengo a casar.
Las calandrias amarillas
pusieron el nixtamal.
Cuando al trote llega un macho
montado en una cotorra,
con su sombrero muy gacho
disparando su pistola.
De adentro de una cantina
salió un gorupo borracho
echando miles de habladas
con su sombrero muy gacho.
Un tejoncito atrevido,
con su gran atrevimiento
se sacó un elote crudo
y se lo metió por dentro.
Su mamá lo chicoteó
con una cuarta muy gruesa:
—'Hora lo verás, goloso,
espérate que se cueza.
También dijo el tecolote
en su triste nopalera:
—¡Ay, qué bonitas canciones
en el mes de primavera!
También dijo el zopilote
a todos sus compañeros:
—Si quieren, me daré de alta
para irme hasta el extranjero.
Ya con ésta me despido
de los que me están oyendo.

173

¡Ay, qué mentiras tan claras!:   por la loma de un zapote.
si no las echo, reviento.   Aquí se acaba el corrido
Ya con ésta me despido   del malvadito coyote.

188. Qu'esto y que l'otro (retahila)

Qu'esto y que l'otro y que zancas de potro y que fue y que vino y que zancas de Albino, choco.la.te con cu.

cha.ra.ca.fé con te.ne.dor, a.to.le con el de.do.ya pa.ra mí ca.la.ve.ra se vol.vió.

Qu'esto y que l'otro   café con tenedor,
y que zancas de potro,   atole con el dedo,
y que fue y que vino   ya para mí...
y zancas de Albino;   calavera se volvió...
chocolate con cuchara,

189. El real y medio (a)

Yo ten.go mi real y medio y con real y medio compré una pava.... la pava pu.so su

huevo, tengo la pa.va tengo su huevo y siempre queda mi real y medio, mi real y medio muy en.te.ri.to...

Yo tengo mi real y me.dio y con real y me.dio compré un violín..... el vio.lín.. te.nía su

ar.co bai.ló el vio.lín.., bai.ló el arco, bai.ló la mo.na, bai.ló el mo.ni.to, bai.ló la chi.va, bai.ló el chi.

vi.to, bai.ló la bu.rra, bai.ló el bu.rri.to, bai.ló la va.ca bai.ló el be.ce.rro, bai.ló la

pa.va, bai.ló su huevo, siempre queda mi real y me.dio, mi real y medio muy en.te.ri.to...

174

Director: Yo tengo mi real y medio
y con real y medio compré una pava,
la pava puso su huevo.

Coro: Tengo la pava, tengo su huevo;
siempre me queda mi real y medio,
mi real y medio muy enterito.

Director: Yo tengo mi real y medio
y con real y medio compré una vaca,
la vaca tuvo un becerro.

Coro: Tengo la vaca, tengo el becerro;
tengo la pava, tengo su huevo;
siempre me queda mi real y medio,
mi real y medio muy enterito.

Director: Yo tengo mi real y medio
y con real y medio compré una burra,
la burra tuvo un burrito.

Coro: Tengo la burra, tengo el burrito;
tengo la vaca, tengo el becerro;
tengo la pava, tengo su huevo;
siempre me queda mi real y medio,
mi real y medio muy enterito.

Director: Yo tengo mi real y medio
y con real y medio compré una chiva,
la chiva tuvo un chivito.

Coro: Tengo la chiva, tengo el chivito;
tengo la burra, tengo el burrito;
tengo la vaca, tengo el becerro;
tengo la pava, tengo su huevo;
siempre me queda mi real y medio,
mi real y medio muy enterito.

Director: Yo tengo mi real y medio
y con real y medio compré una mona,
la mona tuvo un monito.

175

Coro: Tengo la mona, tengo el monito;
tengo la chiva, tengo el chivito;
tengo la burra, tengo el burrito;
tengo la vaca, tengo el becerro;
tengo la pava, tengo su huevo;
siempre me queda mi real y medio,
mi real y medio muy enterito.

Director: Yo tengo mi real y medio
y con real y medio compré un violín,
el violín tenía su arco.

Coro: Bailó el violín, bailó el arco;
bailó la mona, bailó el monito;
bailó la chiva, bailó el chivito;
bailó la burra, bailó el burrito;
bailó la vaca, bailó el becerro;
bailó la pava, bailó su huevo, y
siempre me queda mi real y medio,
mi real y medio muy enterito.

190. EL REAL Y MEDIO (b)

Con real y medio que traigo y que tengo voy a comprar una casa... Compro la ca.sa, compro el ca.
se. roy siempre me que.da mi mis.mo di.ne.ro. Con real y me.dio que ten.go y que
trai.go yo to.do puedo com.prar, lo que no com.pro es a mi suegra, porque su
chan.cla le ten.go mie.do, por e.so me guar.do mi mis.mo di.ne.ro.

Con real y medio
que traigo y que tengo
voy a comprar una casa.
Compro la casa,

compro el casero,
siempre me queda
mi mismo dinero.

176

Con real y medio
que traigo y que tengo
voy a comprarme los trastos.
Compro los trastos,
compro el trastero,
compro la casa,
compro el casero,
siempre me queda
mi mismo dinero.

Con real y medio
que traigo y que tengo
voy a comprarme tinajas.
Compro tinajas
y tinajero,
compro los trastos,
compro el trastero,
compro la casa,
compro el casero,
siempre me queda
mi mismo dinero.

Con real y medio
que traigo y que tengo
voy a comprarme la ropa.
Compro la ropa,
compro el ropero,
compro los trastos,
compro el trastero,
compro la casa,

compro el casero,
siempre me queda
mi mismo dinero.

Con real y medio
que traigo y que tengo
voy a comprarme la novia.
Compro la novia,
compro a mi suegro,
compro la ropa,
compro el ropero,
compro tinajas
y tinajero,
compro los trastos,
compro el trastero,
compro la casa,
compro el casero,
siempre me queda
mi mismo dinero.

Con real y medio
que traigo y que tengo
yo todo puedo comprar,
lo que no compro
es a mi suegra
porque a su chancla
le tengo miedo,
por eso me guardo
mi mismo dinero.

La melodía tradicional que utilizan los niños en este canto parece derivar de la copla jalisciense que empieza "L'águila siendo animal se retrató en el dinero".

191. La rana (a)

Cuando la ra-na sa-le a pa-sear, viene el mos-quito y la quiere pi-car, viene el mos-quito y la quiere pi-car; el mos-quito a la ra-na la ra-na va al a-gua y se echa a na-dar.

Cuando el he-rre-ro sa-le a pa-sear, vie ne la Muerte y lo quie-re lle-var. La Muerte al herrero el herrero al cuchillo el cuchi-llo al buey, el buey al agua, el agua a la lumbre, la lumbre al pa-lo, el palo al perro, el perro al gato el gato al ratón, el ratón a la araña, la a-raña a la mosca, la mosca al mos-quito, el mosquito a la ra-na, la ra-na va al agua y se echa a nadar, la ra-na va al agua y se echa a na-dar.

Director: Cuando la rana sale a pasear...
Coro: Cuando la rana sale a pasear.
Director: Viene el mosquito y la quiere picar.
Coro: Viene el mosquito y la quiere picar.
Todos: El mosquito a la rana,
la rana va al agua y se echa a nadar. *(bis)*

Director: Cuando el mosquito sale a pasear...
Coro: Cuando el mosquito sale a pasear.
Director: Viene la mosca y lo quiere picar.
Coro: Viene la mosca y lo quiere picar.
Todos: La mosca al mosquito,
el mosquito a la rana,
la rana va al agua y se echa a nadar. *(bis)*

Director: Cuando la mosca sale a pasear...
Coro: Cuando la mosca sale a pasear.
Director: Viene la araña y la quiere matar.
Coro: Viene la araña y la quiere matar.

Todos: La araña a la mosca,
la mosca al mosquito,
el mosquito a la rana,
la rana va al agua y se echa a nadar. *(bis)*

Director: Cuando la araña sale a pasear...
Coro: Cuando la araña sale a pasear.
Director: Viene el ratón y la quiere matar.
Coro: Viene el ratón y la quiere matar.
Todos: El ratón a la araña,
la araña a la mosca,
la mosca al mosquito,
el mosquito a la rana,
la rana va al agua y se echa a nadar. *(bis)*

Director: Cuando el ratón sale a pasear...
Coro: Cuando el ratón sale a pasear.
Director: Viene el gato y lo quiere matar.
Coro: Viene el gato y lo quiere matar.
Todos: El gato al ratón,
el ratón a la araña,
la araña a la mosca,
la mosca al mosquito,
el mosquito a la rana,
la rana va al agua y se echa a nadar. *(bis)*

Director: Cuando el gato sale a pasear...
Coro: Cuando el gato sale a pasear.
Director: Viene el perro y lo quiere matar.
Coro: Viene el perro y lo quiere matar.
Todos: El perro al gato,
el gato al ratón,
el ratón a la araña,
la araña a la mosca,
la mosca al mosquito,
el mosquito a la rana,
la rana va al agua y se echa a nadar. *(bis)*

Director: Cuando el perro sale a pasear...
Coro: Cuando el perro sale a pasear.
Director: Viene el palo y le quiere pegar.

Coro: Viene el palo y le quiere pegar.
Todos: El palo al perro,
el perro al gato,
el gato al ratón,
el ratón a la araña,
la araña a la mosca,
la mosca al mosquito,
el mosquito a la rana,
la rana va al agua y se echa a nadar. *(bis)*

Director: Cuando el palo sale a pasear...
Coro: Cuando el palo sale a pasear.
Director: Viene la lumbre y lo quiere quemar.
Coro: Viene la lumbre y lo quiere quemar.
Todos: La lumbre al palo,
el palo al perro,
el. perro al gato,
el gato al ratón,
el ratón a la araña,
la araña a la mosca,
la mosca al mosquito,
el mosquito a la rana,
la rana va al agua y se echa a nadar. *(bis)*

Director: Cuando la lumbre sale a pasear...
Coro: Cuando la lumbre sale a pasear.
Director: Viene el agua y la quiere apagar.
Coro: Viene el agua y la quiere apagar.
Todos: El agua a la lumbre,
la lumbre al palo,
el palo al perro,
el perro al gato,
el gato al ratón,
el ratón a la araña,
la araña a la mosca,
la mosca al mosquito,
el mosquito a la rana,
la rana va al agua y se echa a nadar. *(bis)*

Director: Cuando el agua sale a pasear...
Coro: Cuando el agua sale a pasear...

Director: Viene el buey, se la quiere tomar.
Coro: Viene el buey, se la quiere tomar.
Todos: El buey al agua,
      el agua a la lumbre,
      la lumbre al palo,
      el palo al perro,
      el perro al gato,
      el gato al ratón,
      el ratón a la araña,
      la araña a la mosca,
      la mosca al mosquito,
      el mosquito a la rana,
      la rana va al agua y se echa a nadar. *(bis)*

Director: Cuando el buey sale a pasear...
Coro: Cuando el buey sale a pasear...
Director: Viene el cuchillo y lo quiere matar.
Coro: Viene el cuchillo y lo quiere matar.
Todos: El cuchillo al buey,
      el buey al agua,
      el agua a la lumbre,
      la lumbre al palo,
      el palo al perro,
      el perro al gato,
      el gato al ratón,
      el ratón a la araña,
      la araña a la mosca,
      la mosca al mosquito,
      el mosquito a la rana,
      la rana va al agua y se echa a nadar. *(bis)*

Director: Cuando el cuchlilo sale a pasear...
Coro: Cuando el cuchillo sale a pasear...
Director: Viene el herrero y lo quiere afilar.
Coro: Viene el herrero y lo quiere afilar.
Todos: El herrero al cuchillo,
      el cuchillo al buey,
      el buey al agua,
      el agua a la lumbre,
      la lumbre al palo,
      el palo al perro,

el perro al gato,
el gato al ratón,
el ratón a la araña,
la araña a la mosca,
la mosca al mosquito,
el mosquito a la rana,
la rana va al agua y se echa a nadar. *(bis)*

Director: Cuando el herrero sale a pasear...
Coro: Cuando el herrero sale a pasear.
Director: Viene la muerte y lo quiere llevar.
Coro: Viene la muerte y lo quiere llevar.
Todos: La muerte al herrero,
el herrero al cuchillo,
el cuchillo al buey,
el buey al agua,
el agua a la lumbre,
la lumbre al palo,
el palo al perro,
el perro al gato,
el gato al ratón,
el ratón a la araña,
la araña a la mosca,
la mosca al mosquito,
el mosquito a la rana,
la rana va al agua y se echa a nadar. *(bis)*

Todos los que participan en este juego se colocan en círculo, generalmente sentados en el suelo, atentos a lo que el Director va diciendo. Iniciada la relación, la gracia estriba en no equivocarse al repetir por orden retrógrado toda la enumeración. El objeto pedagógico es fijar la atención de los niños e irla desarrollando sucesivamente, pues deben conservar en la memoria el orden en que han ido apareciendo cada uno de los elementos que intervienen.

192. La rana (b)

Cuando la rana sale a pasear, *(bis)*
viene el sapo y la quiere matar;
cuando el sapo sale a pasear, *(bis)*

viene el mosquito y lo quiere picar;
cuando el mosquito sale a pasear, *(bis)*
viene la araña y lo quiere enredar;
cuando la araña sale a pasear, *(bis)*
viene el ratón y la quiere matar.

El ratón a la araña;
la araña al mosquito;
el mosquito al sapo;
el sapo a la rana;
la rana va al agua
y se echa a nadar.

Cuando el ratón sale a pasear,
viene el gato y lo quiere matar;
cuando el gato sale a pasear,
viene el perro y lo quiere matar;
cuando el perro sale a pasear,
viene el palo y le quiere pegar;
cuando el palo sale a pasear,
viene la lumbre y lo quiere quemar.

La lumbre al palo;
el palo al perro;
el perro al gato;
el gato al ratón;
el ratón a la araña;
la araña al mosquito;
el mosquito al sapo;
el sapo a la rana;
la rana va al agua
y se echa a nadar.

Cuando la lumbre sale a pasear,
viene el agua y la quiere apagar;
cuando el agua sale a pasear,
viene el buey y la quiere acabar;
cuando el buey quiere pasear,
viene el cuchillo y lo quiere matar;
cuando el cuchillo sale a pasear,
viene el herrero y lo quiere quebrar.

El herrero al cuchillo;
el cuchillo al buey;
el buey al agua;
el agua a la lumbre;
la lumbre al palo;
el palo al perro;
el perro al gato;
el gato al ratón;
el ratón a la araña;
la araña al mosquito;
el mosquito al sapo;
el sapo a la rana;
la rana va al agua
y se echa a nadar.

Cuando el herrero sale a pasear,
viene la muerte y se lo quiere llevar;
cuando la muerte sale a pasear,
viene el diablo y la quiere cargar;
cuando el diablo sale a pasear,
viene San Pedro y lo hace ahuyentar;
cuando San Pedro sale a pasear,
viene el Creador y lo manda arrestar.

El Creador a San Pedro;
San Pedro al diablo;
el diablo a la muerte;
la muerte al herrero;
el herrero al cuchillo;
el cuchillo al buey;
el buey al agua;
el agua a la lumbre;
la lumbre al palo;
el palo al perro;
el perro al gato;
el gato al ratón;
el ratón a la araña;
la araña al mosquito;
el mosquito al sapo;
el sapo a la rana;

la rana va al agua
y se echa a nadar.

*En esta relación aparecen los elementos de cuatro en cuatro; por
lo tanto resulta abreviada y se desarrolla en menos tiempo.*

193. LA RANA (c)

Cuando la rana quiere gozar,
viene el sapo y la hace llorar. *(bis)*

El sapo a la rana;
la rana al agua
se echa a nadar.

Cuando el sapo quiere gozar,
viene la mosca y lo hace llorar. *(bis)*

La mosca al sapo;
el sapo a la rana;
la rana al agua
se echa a nadar.

Cuando la mosca quiere gozar,
viene la araña y la hace llorar. *(bis)*

La araña a la mosca;
la mosca al sapo;
el sapo a la rana;
la rana al agua
se echa a nadar.

Cuando la araña quiere gozar,
viene la escoba y la hace llorar. *(bis)*

La escoba a la araña;
la araña a la mosca;
la mosca al sapo;
el sapo a la rana;

la rana al agua
se echa a nadar.

Cuando la escoba quiere gozar,
viene la lumbre y la hace llorar. *(bis)*

La lumbre a la escoba;
la escoba a la araña;
la araña a la mosca;
la mosca al sapo;
el sapo a la rana;
la rana al agua
se echa a nadar.

Cuando la lumbre quiere gozar,
viene el agua y la hace llorar. *(bis)*

El agua a la lumbre;
la lumbre a la escoba;
la escoba a la araña;
la araña a la mosca;
la mosca al sapo;
el sapo a la rana;
la rana al agua
se echa a nadar.

Cuando el agua quiere gozar,
vienen los bueyes y la hacen llorar. *(bis)*

Los bueyes al agua;
el agua a la lumbre;
la lumbre a la escoba;
la escoba a la araña;
la araña a la mosca;
la mosca al sapo;
el sapo a la rana;
la rana al agua
se echa a nadar.

Cuando los bueyes quieren gozar,
viene el cuchillo y los hace llorar. *(bis)*

El cuchillo a los bueyes;
los bueyes al agua;
el agua a la lumbre;
la lumbre a la escoba;
la escoba a la araña;
la araña a la mosca;
la mosca al sapo;
el sapo a la rana;
la rana al agua
se echa a nadar.

Cuando el cuchillo quiere gozar
viene el herrero y lo hace llorar. *(bis)*

El herrero al cuchillo;
el cuchillo a los bueyes;
los bueyes al agua;
el agua a la lumbre;
la lumbre a la escoba;
la escoba a la araña;
la araña a la mosca;
la mosca al sapo;
el sapo a la rana;
la rana al agua
se echa a nadar.

Cuando el herrero quiere gozar,
viene la muerte y lo hace llorar. *(bis)*

La muerte al herrero,
el herrero al cuchillo;
el cuchillo a los bueyes;
los bueyes al agua;
el agua a la lumbre;
la lumbre a la escoba;
la escoba a la araña;
la araña a la mosca;
la mosca al sapo;
el sapo a la rana;
la rana al agua
se echa a nadar.

Cuando la muerte quiere gozar,
viene Dios y la hace llorar. *(bis)*

Dios a la muerte;
la muerte al herrero,
el herrero al cuchillo;
el cuchillo a los bueyes;
los bueyes al agua;
el agua a la lumbre;
la lumbre a la escoba;
la escoba a la araña;
la araña a la mosca;
la mosca al sapo;
el sapo a la rana;
la rana al agua
se echa a nadar.

ÍNDICE

y procedencia de los ejemplos

CANCIONES DE CUNA:

De Coatepec, Ver. 1920. Comunicada por la señora Carmen Galván de del Río, de 26 años, en México, D. F., 8 de diciembre de 1946.

De Puebla, Pue. 1902. Recordado por el autor.

De Cholula, Pue. 1870. Lo cantaba la señora Guadalupe Gutiérrez de Mendoza.

De Querétaro, Qro. 1910. Lo cantaba la señora Guadalupe Arcaute de Gorráez. Comunicada por la señorita Luz Gorráez Arcaute, de 28 años, en México, D. F., 11 de enero de 1947.

De Chavinda, Mich. Comunicada por la señorita Guadalupe Espinosa, de 32 años, el 16 de diciembre de 1939.

Rosario María Gutiérrez Eskildsen, de 46 años, en México,
D. F., agosto de 1944.

Montiel, que la aprendió de su abuela. Recogida por Agustín Montiel Campillo, en México, D. F., junio de 1945.

De San Pedro Piedra Gorda, Zac. 1885. Comunicada por la señorita Petra Guzmán Barrón, de 68 años, en México, D. F., 19 de abril de 1948.

De Puebla, Pue. 1896. La cantaba el profesor Vicente M. Mendoza. Recordada por el autor.

CÁNTICOS RELIGIOSOS DE NIÑOS:

De San Pedro Piedra Gorda, Zac. 1885. Comunicado por la señorita Petra Guzmán Barrón, de 68 años, en México, D. F., 23 de noviembre de 1947.

De México, D. F. 1936. Comunicado por Susana, de 17 años, y Cecilia Mendoza, de 13 años, 14 de julio de 1941.

De Fresnillo, Zac. 1889. Comunicado por Esiquia García, de 42 años, en México, D. F., 10 de abril de 1943.

De México, D. F. 1940. Recogido por Miguel Ángel Mendoza, de 18 años, en el atrio del templo del Carmen, de una mujer del pueblo, quien cantaba y bailaba a la vez, el 11 de septiembre de 1940.

De Irapuato, Gto. 1915. Comunicado por el profesor Alfonso Contreras, de 27 años, en México, D. F., 12 de septiembre de 1938.

De Irapuato, Gto., 1915. Comunicada por el profesor Alfonso

Contreras, de 27 años, en México, D. F., 12 de septiembre de 1938.

Del rancho "El Mezquite", Jal. Comunicado por la señora Concepción Flores, de 40 años, en México, D. F., 29 de noviembre de 1947.

Ejemplo tomado de unos peregrinos en la Basílica de Guadalupe Hidalgo, D. F., por el profesor Alfonso del Río, de 38 años, 7 de diciembre de 1947.

De Guadalajara, Jal. Comunicado por la señora Esiquia García, de 42 años, en México, D. F., 10 de abril de 1943.

De Irapuato, Gto. 1915. Comunicado por el profesor Alfonso Contreras, de 27 años, en México, D. F., 12 de septiembre de 1938.

CANTOS DE NAVIDAD:

De México, D. F., 1936. Comunicado por Susana, de 17 años, y Cecilia Mendoza, de 13 años, 14 de julio de 1941.

De Tekax, Yuc. Comunicado por el señor Humberto Escalante, de 25 años, en México, D. F., 18 de abril de 1937.

De México, D. F. 1904. Se canta en todo el centro del país. Comunicado por la señora Virginia R. R. de Mendoza, de 43 años, 23 de diciembre de 1937.

de México, D. F., 1904. Muy difundido en todo el centro del país. Recordado por el autor.

201

(b) De Tuxcacuesco, Jal. 1890. Comunicada por don Juan Díaz Santa Ana, de 65 años, en México, D. F., septiembre de 1939.

(c) De Guadalajara, Jal. 1890. Comunicada por el señor Lic. José Ignacio Dávila Garibi, en México, D. F., 8 de mayo de 1945.

92. Estaba la Muerte un día... (b) 85

De San Pedro Piedra Gorda, Zac. 1885. Comunicada por la señorita Petra Guzmán Barrón, de 68 años, en México, D. F., 13 de enero de 1948.

Muñeiras:

93. Tanto bailé con la moza del cura (a) 89

De Puebla, Pue. 1890. Comunicada por la señora María Cruz Gómez-Daza de Quintana, en México, D. F., mayo de 1942, y por el presbítero don Luis G. Gordillo, siendo cura de la parroquia de la Cruz, 1904.

94. De Navidad (b) 90

De Atotonilco el Grande, Hgo. 1850. La cantaba el señor Manuel Monter, padre de las señoritas María Eleazar y Elizabeth Monter, quienes la comunicaron en México, D. F., 16 de julio de 1941.

95. Tanto bailé con la hija del cura (c) 90

De Villahermosa, Tab. 1905. Comunicada por la señora Leonor Pérez Miranda, de 35 años, en México, D. F., octubre de 1935.

96. La patera (d) 90

Del artículo de Ángela Alcaraz, "Las canacuas", *Mexican Folk-Ways*, vol. vi, nº 3 (1930).

Juegos infantiles:

97. Una lo-ri-té 95

De Chavinda, Mich. Comunicado por la niña María Elena del Río, de 6 años, diciembre de 1939.

el texto que la acompaña fue recogido por don Manuel Toussaint, en Puebla, Pue., 1914, como cantado en 1890.

De Chavinda, Mich. Comunicado por la señorita Elvira Capilla, de 29 años, 20 de diciembre de 1939.

De Puebla, Pue. 1922. Comunicado por la señora Antolina Enríquez de Torres, de 38 años. Lo aprendió en la escuela parroquial de la Cruz. Recogido en Puebla, Pue., 22 de marzo de 1948.

De Puebla, Pue. 1902. Recordado por el autor.

De México, D. F. 1936. Comunicado por Susana, de 17 años, y Cecilia Mendoza, de 13 años, 14 de julio de 1941.

De México, D. F. 1936. Comunicado por Susana, de 17 años, y Cecilia Mendoza, de 13 años, 14 de julio de 1941.

De Jiménez, Tamps. Publicado en la obra de Gabriel Saldívar, *Historia de la Música de México,* México, Depto. de Bellas Artes, 1934 (cap. "Cantos de niños", p. 219).

De México, D. F. 1936. Comunicado por Susana, de 17 años, y Cecilia Mendoza, de 13 años, 14 de julio de 1941.

De Coatepec, Ver. 1925. Comunicado por la señora Carmen Galván de Del Río, de 26 años, 8 de diciembre de 1946.

De Aguascalientes, Ags. 1904. Comunicado por la señora Graciela Amador, 18 de agosto de 1942.

María Gutiérrez Eskildsen, de 46 años, en México, D. F., agosto de 1944.

De México, D. F. 1902. Comunicado por Virginia R. R. de Mendoza, de 44 años, 5 de diciembre de 1938.

De Puebla, Pue. 1904. Recordado por el autor.

De Ciudad Guerrero, Chih. Comunicado por el señor Dr. E. Brondo Whitt. Publicado en el *Anuario de la Sociedad Folklórica de México,* vol. II (1941), México, 1942, pp. 113-116.

De San Martín Texmelucan, Pue. 1900. Recordado por el autor.

De Santa Rita, Ver. 1910. Comunicado por la señora Concepción García Lagunes, de 35 años, en México, D. F., 10 de enero de 1935.

De Mérida, Yuc. 1910. Comunicado por la señora Isabel Betancourt, de 42 años, en México, D. F., 15 de mayo de 1938.

De Chavinda, Mich. Comunicado por Esther, de 14 años, y Esperanza del Río, de 10 años, 20 de diciembre de 1939.

De Chavinda, Mich. Comunicado por María Estela, de 8 años, y María Elena del Río, de 6 años, 15 de diciembre de 1939.

De Puebla, Pue. 1904. Recordado por el autor.

señorita Petra Guzmán Barrón, de 68 años, en México, D. F., 2 de diciembre de 1947.

De Tuxcacuesco, Jal. 1890. Comunicada por el señor profesor Juan Díaz Santa Ana, de 60 años, en México, D. F., 25 de mayo de 1938.

De Lagos de Moreno, Jal. 1910. Comunicada por la señora Refugio M. del Campo de Rodríguez del Campo, de 46 años, en México, D. F., mayo de 1941.

De Guanajuato, Gto. Comunicada por el profesor Ángel Salas, de 44 años, en México, D. F., 20 de octubre de 1938.

De Fresnillo, Zac. 1918. Comunicada por la señorita Adela Ledesma Campos, de 35 años, en México, D. F., 13 de abril de 1948.

De San Pedro Piedra Gorda, Zac. 1885. Comunicada por la señorita Petra Guzmán Barrón, de 69 años, en México, D. F., 12 de abril de 1948. La cantaban, con arpa y guitarra, Alejandro Salazar y su esposa Josefa García.

De Tlajomulco, Jal. 1945. Los cantaba el señor León Noyola, de 51 años. Comunicados por su hijo José de 32 años, en México, D. F., 12 de octubre de 1944.

De San Pedro Piedra Gorda, Zac. 1885. Comunicada por la señorita Petra Guzmán Barrón, de 69 años, en México, D. F., 26 de abril de 1948.

De México, D. F. 1875. Comunicado por Emilia Rodríguez de

Cuevas, de 77 años, y Luz Rodríguez Alonso, de 73 años, en México, D. F., mayo de 1939.

De México, D. F. Lo cantó un hombre desconocido a bordo de un tranvía de Villa Madero. Recogido por el profesor Alfonso del Río, de 36 años, septiembre de 1945.

De San Juan Coscomatepec, Ver. Comunicado por la señora Margarita M. de Arroyo, de 42 años, en México, D. F., 1941. Recogido por Miguel Ángel Mendoza.

De la obra de Higinio Vázquez Santa Ana, *Fiestas y costumbres mexicanas,* México, Botas, 1940 (lib. III, p. 115).

Publicada en la obra *La población del Valle de Teotihuacan* (3 vols., México: Talleres Gráficos, 1922), vol. II, cap. IX: "Folklore", § 4: "Canto y música", pp. 396-397: "Estribillos".

Este libro se terminó de imprimir y encuadernar
en el mes de diciembre de 1996 en Impresora y
Encuadernadora Progreso, S. A. de C. V. (IEPSA),
Calz. de San Lorenzo, 244; 09830 México, D. F.
Se tiraron 6 000 ejemplares.